口絵 1（左上） 大型の鉱物産状標本（図 1.3）
岐阜県中津川市苗木産ペグマタイト。
口絵 2（左下） 鉱石標本（図 1.4）
兵庫県養父市中瀬鉱山産の輝安鉱。
口絵 3（右） 山崎断層帯・暮坂峠断層の剥ぎ取り標本（図 1.6）

口絵 4　種子標本（図 1.10）

口絵 5　材鑑標本（図 1.11）

口絵 6　さく葉標本の収蔵庫の様子（提供：大阪市立自然史博物館）

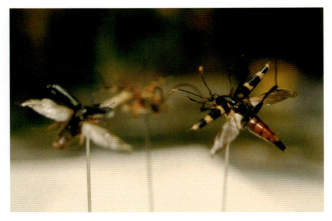

口絵 7　展示で使われる樹脂含浸標本（図 1.15）

口絵 8　貝類の殻標本（左）と軟体部液浸標本（右）（図 1.17）

口絵 9　交連骨格標本（コイ）（図 1.22）

口絵 10　昆虫標本の収蔵庫（提供：大阪市立自然史博物館）

口絵 11　エアースクライバーでアンモナイト標本を含む岩石を削っているところ（図 2.1-1）

口絵 12（上）　バッタ類の標本作製（図 2.6）
口絵 13（下）　チョウ類，ガ類の標本作製（図 2.8）

口絵 14（左）　DNA 抽出用の組織片を切り取り保存する（図 2.12）
口絵 15（右）　針とホルマリンによる展鰭形状固定処理（イチモンジタナゴ）（図 2.23）

口絵 16　アライグマの皮を剝ぐ（図 2.24）

口絵 17 鳥類の本剝製のスチールラックへの配架例（図 3.5）

口絵 18 鳥類（ホオジロ）の仮剝製の引出しへの収納例（図 3.6）

口絵 19 長期間の常設展示により褪色したタヌキの剝製（北九州市立自然史・歴史博物館 自然発見館，撮影：真鍋　徹）（図 5.1）
左は 16 年間展示された個体（主な照明はケース内のスリム蛍光管），右は制作から間もない個体。展示標本の入替時に撮影。

口絵 20　コレクショナリウム魅せる収蔵庫（図 5.16）

自然史博物館の資料と保存

高野温子
三橋弘宗 [編]

朝倉書店

はじめに

　本書は自然史博物館の学芸員を目指す学生，また自然史資料の管理を担うことになった小規模博物館の学芸員向けに，自然史博物館の活動の根幹をなす資料収集と保存について述べた本である。資料の種類，作成方法，整理保存の方法（1〜4章），展示や研究等，様々な自然史資料の活用方法（5，6章），自然史各分野の標本デジタル化のノウハウと標本整理に有用なデータベースの紹介（7，8章），さらには収蔵施設や資料収集の中長期計画，自然史博物館の予算と組織について（9，10章）具体例を引用しつつ紹介した。日本においては博物館資料の保存科学は主に人文系の1分野として発展しており，人文系資料の保存方法についての研究の蓄積はあるものの，自然史資料の管理法については未だ体系だった研究は存在しない。本書に掲載した自然史資料の保存・管理法は，慣例的，慣習的にこうすればトラブルが少なく保存や管理が可能だという，長年現場で働く研究員の経験則に基づいたものである。今後の研究が待たれる。

　自然史資料の種類や製作方法を紹介した書籍はこれまでにも幾つか出版されており（巻末文献参照），本書でも多々引用している。本書の独自性は6章以降の後半部分に現れている。昨今の社会情勢を鑑みるに，自然史標本の作り方，整理や保存の仕方さえ知っていれば標本を末永く守れるかといえば，残念ながら答えはノーである。博物館法第2条にあるとおり，資料の収集と整理公開は博物館の根幹業務だが，真面目に資料収集活動を行えばいずれ収蔵庫は満杯になる。2024年現在，収蔵スペースの不足に悩む自然史系博物館は数多い。新収蔵庫建設のための予算を引き出すには，そのコストをかけて得られる利益をステークホルダーに提示しなければならない。そのためには，標本整理や保存を適切に行うことに加えて，自然史資料の価値や重要性を継続的に社会に訴えていく必要がある。展示やアウトリーチ事業，セミナー等，従来の資料活用法に加えて，自然史標本の学術的・社会的有用性を理解し伝えること，さらにはデジタルアーカイブ化により自然史資料の可視化と公開を進めることが求めら

れる。資料だけでなく収蔵庫の管理計画も，改修や増築に多額の予算を必要とする以上，策定しておくことが望ましい。収蔵庫は大変特殊な施設であり，適切な予算取りをして整備しなければ，充分な機能を満たす施設にならない。収蔵庫増設を要求する際には，なぜ，どのようなポリシーで資料を収集するのか，資料はどの程度の速度で増えていくのか，廃棄手続きの明示も求められる。公立博物館に限った話ではあるが，館の運営維持費がどこからどのような理由で降りてくるのかということも，博物館人に必要な知識である。という認識から，本書の後半部を上述した構成にすることとした。

　最後に本書は，科研費基盤研究（B）「自然史標本の汎用化と収蔵展示技法の体系構築」（代表　三橋弘宗．19H01366）のメンバーによる議論の成果を下敷きに，メンバーがカバーしきれない分野や項目については，日本中の自然史博物館や類似施設の研究者に執筆を依頼して出来上がった。原稿をお寄せくださった分担執筆者の方々，辛抱強く原稿をお待ちいただいた朝倉書店編集部に感謝申し上げます。

　　2024 年 10 月

著者を代表して　高 野 温 子

編集者

高野温子　兵庫県立大学／兵庫県立人と自然の博物館
三橋弘宗　兵庫県立大学／兵庫県立人と自然の博物館

執筆者（五十音順）

生野賢司　兵庫県立人と自然の博物館／兵庫県立大学
石田惣　大阪市立自然史博物館
伊藤泰弘　九州大学総合研究博物館
大島康宏　三重県総合博物館
奥山清市　市立伊丹ミュージアム
加藤茂弘　兵庫県立人と自然の博物館
兼子尚知　産業技術総合研究所地質調査総合センター地質標本館
北村淳一　三重県総合博物館
齋藤めぐみ　国立科学博物館
高野温子　兵庫県立大学／兵庫県立人と自然の博物館
中濱直之　兵庫県立大学／兵庫県立人と自然の博物館
橋本佳延　兵庫県立人と自然の博物館
林光武　前 栃木県立博物館
松原尚志　北海道教育大学教育学部釧路校
真鍋徹　北九州市立自然史・歴史博物館
水島未記　北海道博物館
三橋弘宗　兵庫県立大学／兵庫県立人と自然の博物館
矢部淳　国立科学博物館
山﨑健史　兵庫県立大学／兵庫県立人と自然の博物館
山田量崇　兵庫県立大学／兵庫県立人と自然の博物館
李忠建　兵庫県立人と自然の博物館／兵庫県立大学

目　　　次

序章　自然史博物館と自然史標本—その特色と期待される役割の変化—

　　　………………………………………………………………〔高野温子〕…… 1

1章　自然史博物館における収蔵資料の種類 ……………………………… 5

　1.1　化　石 …………………………………………………〔矢部　淳〕…… 5

　　1.1.1　様々な化石標本 ……………………………………………………… 5

　　1.1.2　化石標本の特性と保管上の注意点 ………………………………… 7

　1.2　岩石，鉱物など ………………………………………〔加藤茂弘〕…… 7

　1.3　植　物 …………………………………………………〔高野温子〕… 10

　1.4　昆　虫 ……………………………………〔大島康宏・山田量崇〕… 12

　1.5　無脊椎動物（昆虫以外） ……………………………〔石田　惣〕… 14

　1.6　魚　類 …………………………………………………〔北村淳一〕… 16

　1.7　脊椎動物（魚類以外） ………………………………〔林　光武〕… 20

　　1.7.1　両生類，爬虫類 …………………………………………………… 20

　　1.7.2　鳥　類 ……………………………………………………………… 21

　　1.7.3　哺乳類 ……………………………………………………………… 21

　　トピックス　自然史博物館の資料収集方針とは ……………〔林　光武〕… 22

2章　自然史標本の作製方法 …………………………………………………… 24

　2.1　化石，プレパラート …………………………………〔齋藤めぐみ〕… 24

　2.2　岩石，鉱物など ………………………………………〔加藤茂弘〕… 27

　2.3　植　物 …………………………………………………〔高野温子〕… 29

　2.4　昆　虫 ……………………………………〔大島康宏・山田量崇〕… 31

　2.5　無脊椎動物（昆虫以外） ……………………………〔石田　惣〕… 35

　　2.5.1　撮　影 ……………………………………………………………… 35

2.5.2　DNA 抽出用の組織保存 ……………………………………………… 35

2.5.3　麻　　酔 ……………………………………………………………… 35

2.5.4　固　　定 ……………………………………………………………… 36

2.5.5　保　　存 ……………………………………………………………… 36

2.5.6　ラベル …………………………………………………………………… 38

2.6　魚　　類 …………………………………………………〔北村淳一〕… 39

2.7　脊椎動物（魚類以外）………………………………………〔林　光武〕… 42

2.7.1　仮剥製，毛皮標本 ……………………………………………………… 42

2.7.2　骨格標本 ………………………………………………………………… 43

2.7.3　液浸標本 ………………………………………………………………… 43

トピックス　自然史博物館における資料収集の手段 ………〔生野賢司〕… 44

トピックス　標本 DNA をよりよく保存する方法 …………〔中濱直之〕… 45

3 章　自然史標本の整理方法 ………………………………………………… 47

3.1　化　　石 …………………………………………………〔矢部　淳〕… 47

3.1.1　分類群ごとの事例 ……………………………………………………… 48

3.1.2　その他 …………………………………………………………………… 49

3.2　岩石，鉱物など ……………………………………………〔加藤茂弘〕… 49

3.3　植　　物 …………………………………………………〔李　忠建〕… 51

3.4　昆　　虫 ………………………………………〔大島康宏・山田量崇〕… 53

3.4.1　未標本資料と未整理標本 ……………………………………………… 54

3.4.2　標本の保管と基盤となる配架 ………………………………………… 54

3.4.3　未整理標本から同定まで ……………………………………………… 55

3.5　液浸標本（脊椎動物，無脊椎動物）…………〔北村淳一・山﨑健史〕… 56

3.6　脊椎動物（乾燥標本）……………………………………〔林　光武〕… 58

トピックス　AI を活用した資料整理法のアップデート …〔高野温子〕… 61

4 章　自然史資料の保存 …………………………………………………… 63

4.1　地学系資料 …………………………………………………〔加藤茂弘〕… 63

4.2　生物系の乾燥標本 …………………………………………〔高野温子〕… 66

目　　次　　vii

　4.3　液浸標本 ……………………………………〔石田　惣・高野温子〕…67
　　　トピックス　人と自然の博物館における IPM の実践 ……〔高野温子〕…69

5章　自然史資料を見せる ……………………………………………………72
　5.1　展　　示 ………………………………………………〔水島未記〕…72
　　　5.1.1　生物標本 …………………………………………………………73
　　　5.1.2　地学標本 …………………………………………………………77
　5.2　アウトリーチ …………………………………………〔水島未記〕…79
　　　5.2.1　生物標本 …………………………………………………………80
　　　5.2.2　地学標本 …………………………………………………………83
　5.3　教育普及活動での活用 ………………………………〔真鍋　徹〕…84
　　　5.3.1　標本作製法の習得 ………………………………………………84
　　　5.3.2　構造や機能の理解 ………………………………………………84
　　　5.3.3　生物の生態的特性を知る ………………………………………86
　　　5.3.4　標本の利用にあたって …………………………………………86
　5.4　収蔵しながら見せる―魅せる収蔵庫― ………………〔高野温子〕…87

6章　自然史標本を利用する ………………………………………………89
　6.1　調査，研究 ……………………………………………〔高野温子〕…89
　　　6.1.1　自然史標本の利用方法 …………………………………………89
　　　6.1.2　博物館資料を活用した研究例 …………………………………90
　6.2　シンクタンク，レッドデータブック編纂…〔橋本佳延・三橋弘宗〕…98
　　　6.2.1　自然史博物館が担うシンクタンク ……………………………98
　　　6.2.2　シンクタンクにおける自然史資料の使い方 …………………100
　　　6.2.3　自然史資料を用いたシンクタンクの事例 1 ―絶滅リスクの判定
　　　　　　とレッドリスト・レッドデータブックの編纂― ………………103
　　　6.2.4　自然史資料を用いたシンクタンクの事例 2 ―地図化による保全
　　　　　　指針の提示と地域での自然資源の活用への展開― ……………105

viii 目　　次

7 章　自然史資料のデジタル化―標本画像撮影法―……………………… 111

7.0　資料デジタルアーカイブ作成上の留意点……………〔高野温子〕…… 111

7.1　化石の撮影方法………………………〔兼子尚知・松原尚志〕…… 113

　7.1.1　撮影方法の選択………………………………………………… 113

　7.1.2　デジタルカメラによる大型化石標本の撮影法………………… 116

　7.1.3　特殊な撮影法…………………………………………………… 122

7.2　植物標本の撮影方法………………………………〔高野温子〕…… 124

　7.2.1　撮影装置の準備，撮影スペース，使用機材………………… 124

　7.2.2　撮影の作業手順………………………………………………… 127

　7.2.3　ファイルリネーム……………………………………………… 128

　7.2.4　撮影後の標本処理……………………………………………… 129

7.3　昆虫標本の撮影方法………………………………〔奥山清市〕…… 129

　7.3.1　昆虫標本とデジタルアーカイブ化…………………………… 129

　7.3.2　撮影に使用する機材…………………………………………… 129

　7.3.3　標本撮影におけるテクニック………………………………… 133

　トピックス　自然史標本の 3D データ化の可能性………〔橋本佳延〕…… 135

8 章　自然史資料の公開データベース…………………………………… 137

8.1　S-Net，GBIF，その他自然史資料に関するデータベース

　　………………………………………………………〔高野温子〕…… 137

8.2　jPaleoDB（日本古生物標本横断データベース）………〔伊藤泰弘〕…… 139

　8.2.1　基本的な標本検索機能………………………………………… 140

　8.2.2　文献による標本検索機能……………………………………… 140

　8.2.3　jPaleoDB の現在……………………………………………… 141

8.3　昆虫類のデータベース……………………………〔山田量崇〕…… 141

　8.3.1　研究機関によって作成された総合的なデータベース………… 142

　8.3.2　専門家個人または学術団体が作成したデータベースやリスト…… 143

　8.3.3　種の同定に役立つデータベースやウェブサイト……………… 143

8.4　植生資料データベース―物理的に収蔵できない自然の姿を後世に伝

　　える観察資料―………………………………………〔橋本佳延〕…… 145

目　　　次　　　　　　　　　ix

　8.5　クモ類のデータベース ……………………………〔山﨑健史〕…147

9 章　自然史資料収蔵のための施設整備 ………………………… 148
　9.1　自然史資料に必要な収蔵庫施設 …………〔高野温子・加藤茂弘〕…148
　　9.1.1　地学系収蔵庫に求められる要件 …………………………149
　　9.1.2　生物収蔵庫（乾燥標本）に求められる要件 …………… 150
　　9.1.3　液浸収蔵庫に求められる要件 ……………………………151
　9.2　資料収集の中長期計画 …………………………〔高野温子〕…152
　9.3　収蔵庫の管理計画 ………………………………〔高野温子〕…154

10 章　自然史博物館の運営 …………………………………………… 156
　10.1　館維持運営費と予算の内訳 ……………〔高野温子・林　光武〕…156
　　10.1.1　公立博物館の維持運営費 …………………………… 156
　　10.1.2　予算執行の実例 ……………………………………… 157
　10.2　自然史博物館における職種と組織体制 ……………〔奥山清市〕…159
　　10.2.1　自然史博物館における職種と人的資源 …………………159
　　10.2.2　自然史博物館の組織について ………………………… 161
　10.3　自然史博物館間の連携 …………………………〔高野温子〕…162
　10.4　博物館友の会，ボランティアなどとの連携 …………〔奥山清市〕…165

文　　　献 ………………………………………………………………… 167
終 わ り に …………………………………………………………………… 173
索　　　引 ………………………………………………………………… 175

序章

自然史博物館と自然史標本
―その特色と期待される役割の変化―

　自然史博物館と歴史博物館や美術館など他のミュージアムとの決定的な違い
は，収蔵品が自然物か人工物かという点である。自然史博物館の収蔵資料は，
動植物，岩石・鉱物，化石など，**一次資料**であるところの自然史標本が主なも
のとして挙げられるが，昨今は植生調査資料や生態写真，古写真，実物標本の
デジタル画像などの**二次資料**も収蔵されている。もう一つ自然史博物館の特徴
として，コレクション充実のため寄贈資料を受けるだけでなく自ら資料をつく
る（＝自然界から採集する）場合があるという点も，他の博物館種とは大きく
性格を異にする部分だろう。

　世界と日本の自然史博物館の誕生と歴史については千地（1998）に詳述され
ているので，ここでは概観するにとどめる。博物館（museum）という言葉は，
学芸をつかさどる9人の女神の住処という意味のムセイオン（mouseion）を
語源としている。古代エジプトの王プトレマイオス1世は，アレクサンドリア
にムーサイ学園と呼ばれる，研究のための資料や文献が集められ保存されてい
る施設をつくったといわれている。ローマ帝国では貴族や富豪が自らの権力の
象徴として美術品や宝石類，珍しい動植物などの自然物の収集を行い，来客の
接待に使った。

　中世になると，ヨーロッパではキリスト教の教会を中心とした学問文化が形
成され，教会に様々なものが収集されるようになった。聖職者たちは民衆を引
き付ける道具として真珠や化石，象牙などを収集し展示を行った。また動植物
の研究も行われ，百科事典や博物誌の編纂がなされた。ただし彼らの目的は，

キリスト教の教義に従い神を頂点として万物を理解し整理することにあった。14〜16世紀のルネッサンス期とそれに続く大航海時代には，科学研究が飛躍的に進歩し，新大陸などから新しいもの，未知のものが大量に入ってきて人々の好奇心を膨らませました。ドイツではブンダーカマー（Wunderkammer，驚異の部屋）と呼ばれる，動植物の液浸標本や物理や化学の実験道具など，科学コレクションを見せることが流行した。16世紀には，博物学者は自宅に蒐集した事物の部屋「博物室」を抱え，情報のやり取りを盛んに行い，時には互いの蒐集品の交換を行っていた。18世紀半ばにいたるまで現在の自然史博物館のような施設はほぼ皆無だったが，それに近い形の施設で最も古いものは，16世紀半ばのスイスの博物学者ゲスナー（Conrad Gessner）の博物館といわれている（Resh and Carde 2009）。王侯貴族のコレクションを民衆に公開する動きも高まり，1748年にウィーン自然史博物館，次いでフランス国立自然史博物館がフランス革命中の1793年に開館した。大英自然史博物館は，大英博物館の自然史部門が，資料が増えすぎて場所が手狭になったことを契機に博物館として独立することになり，1881年に開館した。

　日本において博物館が整備されるのは明治時代になってからだが，中国の本草学を独自に発展させ，効能の有無に関わらずに自然物のありようを追求する博物学的な動きは江戸時代からあった（磯野 1999）。文献探索に飽き足らず実際のものを見ようという意欲から，全国から自前のコレクションを持ちより見せあう物産会も行われていた（磯野 1999）。

　明治初期に政府が推し進めた産業の近代化と殖産興業の施策として，欧米で開催される万国博覧会への参加，国内においては内国勧業博覧会の開催があった。これらの会の終了後に恒久的にものを展示し観覧させる施設として1882（明治15）年，東京の上野に東京国立博物館が設立された（椎名 2022）。現在の国立科学博物館（以下，科博）は，1877年に教育博物館として誕生したが，その名が指し示す通り，自然史系の標本資料は開国から間がない日本においては教育資料としての役割を期待され，展示を中心とする利用が主だった（橋本 1978）。当時の理科教育の主目的は啓蒙であり，当時の日本はそれらに資する教材が充実しておらず，博物館にその面に大きな期待が寄せられていた（橋本 1978）。科学博物館が学術研究の機関でもなければならないという認識が高まっ

序章　自然史博物館と自然史標本—その特色と期待される役割の変化—　　3

たのは，昭和10年代だった（橋本 1978）。1932年には，科博の館名をそれまでの東京博物館から東京科学博物館に改称している。大正時代に発刊された雑誌『科学知識』の1931（昭和6）年10月号では「科学普及と博物館」という特集が組まれ，その中でニューヨークとロンドンの2大自然科学博物館を紹介し，博物館における展示と研究の意義を説く文章が掲載されている。

　第二次世界大戦後に制定された博物館法では，博物館は館種を問わず国民の文化的生活に資するため，国民が生涯にわたり学び続けることができる社会教育施設としての役割を期待されるようになった。最近では2022年にICOM（International Council of Museums，国際博物館会議）による博物館の定義が変更されたが，その定義に現れているように，現在の自然史博物館には生物多様性保全や地球の持続可能性などの国際的な社会問題を解決するハブとしての役割を期待されている。奇しくも同年日本の博物館法が改定され，博物館には社会教育施設としての機能に加えて，文化観光施設としての役割をも求められるようになった。

　自然史標本に期待される役割も時代とともに変化している。上述のように，科学博物館の開設当初は国民の理科教育の推進のため，自然物の本物を見せるという性格が強くあった。その後は地域の自然を正しく，深く知るためのエビデンスデータという位置づけをもつようになった。6章で解説するが，昨今自然史標本のデジタル化が進み，標本情報の流動性と研究への活用の度合いが飛躍的に高まった。また生物の標本はDNA抽出用サンプルとしても利用されるようになった。一昔前には不可能だった解析が可能になるごとに，実物である自然史標本が収蔵されていることの価値は増している。7章では自然史標本のデジタル化手法を解説するが，デジタル化したから標本が不要になるのではない。デジタル化の過程で抜け落ちる情報は多い。標本情報へのアクセシビリティを向上することで自然史に関わる学術分野の研究を促進し，なにより実物標本の保全に資するため，ウェブ上での公開やデータ入力などにデジタル画像を活用するのが正解である。

　本書執筆の目的は，今日益々重要性を増している自然史標本を適切に保管・活用し，将来の世代に手渡すための教科書をつくることにあった。上述のように博物館に寄せられる期待，求められる役割は増える一方であるが，資料の収

集と整理保管，展示と普及教育は博物館の基幹事業としてあり続ける。限られた人員と予算のなか博物館本来の役割を果たし続けることができるよう，本書がその一助となれば幸いである。　　　　　　　　　　　　　　　　〔高野温子〕

1

自然史博物館における収蔵資料の種類

　自然史標本や資料の種類は，資料となる対象物の特性に応じて，また学術利用や展示などの利用目的により多岐にわたる。本章では自然史標本・資料の種類を概観する。詳細については，巻末の引用文献も参考にされたい。

1.1　化　　石

　化石は地層中で長く保存された生物の遺骸や痕跡である。**続成作用**により熱や圧力，一部は**鉱化作用**を受け，文字通り「石化」したものもあるが，時代や産地によっては石化の程度が弱く，元の構成物質がほとんど変わらずに残されている場合もある。化石として見つかる分類群は幅広く，自然史博物館の現生動植物分野が扱うほとんどの分類群に加え，地質時代に絶滅した高次分類群も含まれる。化石として保存される部位は，殻や骨格といった生物起源の**硬組織**だけでなく，**細胞壁**をもつ植物の各器官も一般的である。生物体の軟質部は保存されないことが多いが，近年では軟質部が部分的に保存された標本も報告されており，**遺伝情報**の解析が成功した事例もある。生物体の本体が残された体化石以外には，足跡・這い跡や巣穴，糞，卵殻などの生痕化石がある。

1.1.1　様々な化石標本

□**無脊椎動物化石**　　主に硬質部をもつ生物の体化石で，海綿動物，刺胞動物，コケムシ動物，腕足動物，軟体動物，節足動物，棘皮動物，半索動物など，極めて多様な分類群の化石記録がある。貝類やアンモナイトのように堅固な硬質

部をもつものは堆積物から取り出して保管するが，昆虫類のように微細でバラバラになる骨格は岩石ごと保管する．

□**脊椎動物化石**　魚類，爬虫類，両生類，鳥類，哺乳類などの骨格や歯などが中心だが，新しい時代のものではまれに毛や皮膚などが保存される事例もある．無脊椎動物同様，比較的大型の分類群については堆積物から骨や歯を取り出し保管するが，魚類などでは堆積物ごと保管する事例が多い．一方，展示や研究を目的に作成されたレプリカや，その**型**（cast）も標本として保管することがある．

□**植物化石**　陸上植物に加え，藻類なども一緒に扱う場合が多い．部位の多様性が高く，陸上植物であれば，葉，茎，枝，幹，根，種子，果実，花などの各器官が多くの場合別々に化石となる．花粉や胞子など微細な器官は微化石として扱う．岩石（堆積物）に含まれた状態で保管する場合が多いが，堆積物から取り出すことのできるものは乾燥・**液浸標本**もしくはプレパラートとして保管する（図1.1）．

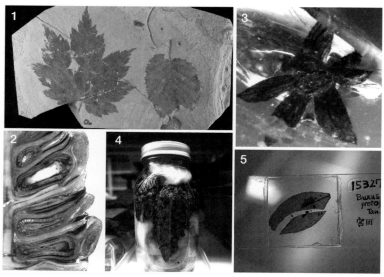

図1.1　植物にみる化石標本の多様性（撮影：筆者）
1：圧縮化石，2：鉱化化石，3：琥珀中の花化石，4：液浸標本（球果），5：プレパラート（葉）．

□**微化石**　標本のサイズに基づいて便宜的に使われるカテゴリであり，様々な分類群を含む。生物の硬組織全体の場合もあるが，花粉のように生物の一器官の場合もある。微細なため，プレパラートやスライドとして保管することが多い。また，微化石を抽出した堆積物も同時に保管する場合がある。

□**生痕化石**　形成過程や状態に基づいたカテゴリで，様々な分類群に由来し，形成者が不明のものも多い。ストロマトライトのような生物活動の痕跡や巣穴，足跡などは岩石（地層）をある程度の大きさに切り出すなどして保管する。糞，卵殻などは状態により堆積物から取り出すことがある。

■ 1.1.2　化石標本の特性と保管上の注意点

　化石の多くは様々な程度に"石化"しているため，他の自然史標本に比べ重量が重い点は管理上十分な考慮が必要である。石化した標本の多くは化学的に安定で，特殊な保存環境を必要とせず，虫害などの危険性もほとんどない。ただし，地層の形成環境や砕屑物の給源によって化石や周囲の岩石に**硫化物**が多く含まれる場合，空気中の水分と反応して鉱物が成長し，内部から標本が破壊される場合があるため，液浸にするなどの対策が必要である。　　　〔矢部　淳〕

1.2　岩石，鉱物など

　地学系資料は化石（古生物標本）とそれ以外の地学標本に大別され，後者には岩石，鉱物，鉱石，堆積物などがある。実物標本ではないが，露頭や地形の写真，地震断層などの地形の測量データも貴重な資料である。

　岩石標本は，研究用資料として収蔵される場合もあるが，展示や普及教育用の資料となることが一般的である。基本的には地域の地質を代表する岩石や地質学の教科書に登場する火成岩，堆積岩，変成岩といった岩石分類を代表するものが岩石標本として収蔵される。岩石標本には，風化が進んでいない新鮮な露頭から採取されたこぶし大以上の大きさの岩塊や，それを岩石カッターで厚さ5〜10 mmの板状に切り出した岩石チップ，岩石チップを数十 μmの厚さまで研磨した岩石薄片の大きく3種類がある（図1.2）。岩塊が原資料（親標本），

図 1.2 岩石標本（撮影：筆者）
左から岩塊標本，岩石チップ，岩石薄片。

岩石チップや岩石薄片が二次資料（子標本）に相当する．これらは鉱物や鉱石の標本でも作製される．花崗岩などの石材や，石灰岩や大理石を加工した花瓶などの石材製品が岩石標本とされる場合も多い．

　鉱物標本は，砂金のような小さな結晶から数 m 角を超える巨大水晶まで，大きさは様々である．野外で採集される鉱物は，砕いた岩石中に発見される場合が普通であり，多くは径 10 cm 以下の親指大〜こぶし大の標本になる．微小な鉱物を含む岩塊標本には，鉱物を指し示す三角記号などが貼り付けられる．水晶や電気石などの結晶形が重要な鉱物には，結晶形がよくわかる，自形結晶の大きな単体標本が多い．鉱山で採集される鉱物標本には，自形結晶の大きな単体標本やそれが集合体をなす群晶標本，岩石中での鉱物のでき方を示す産状標本があり，品質のよい大型標本は主に展示用となる（図 1.3）．鉱石は，鉄，銅，錫などの金属元素を含む金属鉱物を数％以上含む岩石であり，径 30 cm 以下のこぶし大〜人頭大の標本が一般的である．鉱石は岩石標本として登録・保管される場合も多い．錫石や輝安鉱のように金属鉱物の産状を良好に示す鉱石標本（図 1.4）は博物館資料として価値が高い．鉱石標本は日本や世界各地の鉱山の歴史を後世に残す意味でも大切である．

　堆積物の標本例として，軽石や火山灰，スコリア，火砕流堆積物などのテフラがある．こぶし大以上の軽石やスコリアは岩石標本として扱うことが多い．親指大以下の粒子から構成されるテフラはガラス管瓶などに入れて収蔵される（図 1.5）．テフラを粉砕，洗浄処理して得られる鉱物や火山ガラスをスライドグラス上に封入した薄片標本もある．ボーリングコアは地下の地層や岩石を円柱状に掘り抜いて採取したものである．未固結の地層コアは堆積物として，岩

1.2 岩石，鉱物など

図 1.3　大型の鉱物産状標本（撮影：筆者，口絵1参照）岐阜県中津川市苗木産ペグマタイト。

図 1.4　鉱石標本（撮影：筆者，口絵2参照）兵庫県養父市中瀬鉱山産の輝安鉱。

図 1.5　大山火山から噴出した第四紀の軽石や火山灰（撮影：筆者）

図 1.6　山崎断層帯・暮坂峠断層の剝ぎ取り標本（撮影：筆者，口絵3参照）

石コアは岩石標本として扱われ，通常は木製のコア箱に1m長のコアが3本あるいは5本ごとに収められて収蔵されている。剝ぎ取り標本は，露頭に現れた活断層（断層面と変位した地層），テフラ，水平・斜交層理などの堆積構造を示す地層などを，その表面を固めて綿やグラスウールの布に接着して剝ぎ取ったものであり，露頭面を裏側から見た状態の地層標本となる（図1.6）。ボーリングコアや剝ぎ取り標本は広い収蔵空間を必要とするため，展示用を除くと博物館で収集・保存されることは少ない。

〔加藤茂弘〕

1.3 植 物

　シダ植物や被子植物などの維管束植物，蘚苔類，藻類のほか，現在は植物とは全く異なる生物群と認識されている菌類や地衣類も，日本の自然史系博物館では伝統的に植物のカテゴリに入れられ収蔵されてきたため，本項で扱う。藻類とシダおよび被子植物は体サイズが比較的大きくなるため，A3 ほどのサイズの台紙に，整形し平たく乾燥させた植物体といつどこでだれが採集したという情報を付したラベルを貼り付けて標本にする。これを**さく葉標本**という（図1.7）。蘚苔類と菌類・地衣類は概して体が小さく，維管束のような骨格をもたないため，通常は植物体をパケットと呼ばれる紙の封筒に入れ，封筒の表にあたる部分にラベルを貼り付ける。これらを**パケット標本**（図1.8）と呼ぶ。植物の花や果実の形態および構造は分類の指標形質として用いられることが多いが，花弁や萼片がごく薄いものは平たく乾燥させると立体構造が完全に壊れて観察が困難になる。通常さく葉標本の花などの立体構造を復元するためには，

図 1.7　さく葉標本（撮影：筆者）

図 1.8　パケット標本（撮影：筆者）

標本の一部を取り出してしばらく 50〜60°C のお湯に浸ける「煮戻し」という作業を行うが，煮戻しをしても復元ができないような繊細な構造をもった花や花序は，そこだけを切り離し，サンプル瓶を使用し魚類などと同じくエタノールないし FAA（ホルマリン，酢酸，エタノール）に浸けた**液浸標本**（図 1.9）にすることもある．液浸標本にすることで立体構造を保った保存が可能になるが，植物の場合はエタノールや FAA 固定を行うと DNA 抽出が困難になるので注意が必要である．また標本の性質上，さく葉標本とは別室で標本管理を行うことになり，管理の手間は増える．

その他，果実や種子を乾燥状態でガラス瓶やパケットなどで保存する**種子標本**（図 1.10）は，野外で採集した果実等の同定などに用いられる．木本性植物の場合，**材鑑標本**（図 1.11）と呼ばれる，幹を輪切り，あるいは縦切りの板に

図 1.9　液浸標本（撮影：筆者）

図 1.10　種子標本（撮影：筆者，口絵 4 参照）

図 1.11　材鑑標本（撮影：筆者，口絵 5 参照）

して材の構造を見やすくした標本をつくることがあり，樹種の特定や材の構造を調べる木材解剖学などに用いられる。**プレパラート標本**は，花粉や染色体，組織など，顕微鏡で観察が必要な微細な部分を取り出し，スライドグラス上で染色・固定したものである。

〔高野温子〕

1.4　昆　　虫

　昆虫標本の特徴は，多くが昆虫の体に昆虫針を刺して標本を作製する**乾燥標本**であり，この昆虫針によって，標本の一つ一つが管理できるということである（図1.12）。この**針刺し標本**（マウント標本ともいう）は，昆虫針をもつことで，壊れやすい昆虫の体に直接触れずに扱える。標本の破損を防ぐだけでなく，標本の管理をはじめ，調査研究や展示など，様々な場面で活用しやすい。調査などの収集活動によって，一度に大量の個体が得られる昆虫分野の特性上，標本化しやすく，かつ以後の扱いやすさから，現在もなお主流とされている。また昆虫針を体に刺すことで，体の構造を大幅に破損してしまう微小昆虫類は，針刺しの台紙に貼って標本にする。**台紙貼り標本**とも呼ばれるが，ここでは針刺し標本の項目に含んでおく。針刺し標本は，採集情報（いつ，どこで，だれに

図1.12　針刺し標本　　　　　図1.13　昆虫標本に付される様々なラベル

よって得られた個体か）を記したラベルを，個体の下側に刺して一体化させることで，情報の紛失を防げるという利点もある。さらに種の同定，博物館寄贈時の由来，研究利用などをラベルに記し，同一の昆虫針に刺しておくことで，一つ一つの標本の活用実績を残すこともできる（図 1.13）。複数枚のラベルが刺されている標本は，その順番に注意を払って利用しなければならない。ラベルのほかにも，解剖や DNA 抽出などのために分離した部位を保管したチューブも標本の下側に刺すことで，標本本体と一括保管できる上，別個体との混同も防ぐことができる。

体の柔らかい昆虫類や，幼生期の個体は，前述した乾燥標本の作製過程で，形態学的な特徴が大きく失われる。このような場合，**液浸標本**として保管される。多くの水生昆虫をはじめ，幼虫の標本作製において利用され，乾燥標本に次いで用いられる。

他に，学術目的で作製される**プレパラート標本**も収蔵することがある（図 1.14）。顕微鏡で形態を観察するためのもので，薬品処理をした体の一部または全体をスライドグラスに載せ，カナダバルサムやユーパラル，ガム・クロラールなどの封入剤で封入し，カバーグラスをかけて作製する。ノミ類やハエ類の一部など，体が小さく脆弱な昆虫を対象にすることが多い。

針刺し標本や液浸標本に比べ少数ではあるが，近年昆虫類においても他分野同様，**樹脂包埋標本（樹脂封入標本）**が作製されるようになってきた。一般的な昆虫の体のつくりを，様々な角度から，標本を壊すことなく手にとって観察できるという利点がある一方，一度樹脂に埋め込んでしまうと，昆虫の体を破

図 1.14 プレパラート標本

図 1.15 展示で使われる樹脂含浸標本（口絵 7 参照）

損することなく取り出すことが困難になる。昆虫の標本は，同定のために解剖して生殖器を調査する場合があることと，資料収集の特性上，一度に大量に得られることから，昆虫分野において樹脂包埋標本は一般的な標本としては扱いにくく，主に展示・普及活動へ限定的に活用される。

また，博物館などの展示活動において，主にジオラマ内での昆虫類の活用は，針刺し標本としてだけでなく，生きた状態を再現して展示することもある。真空凍結乾燥機（フリーズドライ手法）を用いることで，生きた状態に近い色や形を残した乾燥標本を作製することできるようになった。このように，昆虫類では乾燥させて作製することが多いが，開放空間で展示利用する場合は，高価ではあるが防虫剤を含んだ樹脂を浸透させて**樹脂含浸標本**を作製すると，文化財害虫などの影響を受けにくくなると考えられる（図 1.15）。

〔大島康宏・山田量崇〕

1.5　無脊椎動物（昆虫以外）

昆虫以外の無脊椎動物（例えば甲殻類や貝類，刺胞動物，環形動物，棘皮動物など）は，非常に多くの分類群を含む。標本の作製と保存方法は，当然ながら個々の分類群ごとに異なる。ここでは，無脊椎動物の大半の分類群に共通する**液浸標本**と，一部の分類群で用いられるそれ以外の標本について説明する。

液浸標本とは，生物体が腐敗しないようにエタノールやホルマリンなどの薬液中で保存するものをいう（図 1.16）。一般に保存の前段階として，組織を凝固変性させる**固定**という処理がとられる。薬液の蒸発を防ぐため，保存には密封性の高い容器を用い，薬液の量は定期的にチェックする。ラベルは通常，容器には貼り付けず，生物体とともに薬液中に封入する（図 1.16）。これは容器の交換の際に対応しやすいこと，また標本の貸し出し時に容器ごと貸し出さずに済むという理由による。一方，薬液中でも劣化しにくい紙質，インクは限られており，長年管理者を悩ませる課題である。

標本から DNA を抽出するニーズは高まっているが，従来重用されてきた**ホルマリン固定**は DNA の抽出を困難にする。また，エタノール水溶液も濃度に

1.5 無脊椎動物（昆虫以外） 15

図 1.16 エビ類の液浸標本（撮影：筆者）

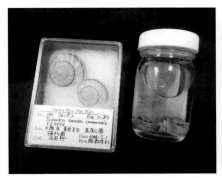

図 1.17 貝類の殻標本（左）と軟体部液浸標本
（右）（撮影：筆者，口絵 8 参照）

図 1.18 サンゴの骨格の乾燥標本（撮影：筆者）

よっては DNA を断片化させる恐れがある。DNA 解析用に組織片を別に切り取って無水エタノール液浸とし，さらに冷凍保存するのが理想だが，作製や管理の手間，コストの増大は避けられない。ちなみに無水エタノールは脱水作用により組織を著しく硬化収縮させるため，形態観察用資料の保存液としては不適である。ホルマリン固定標本から DNA を抽出する方法は開発されつつある（例えば Ruane and Austin 2017; Shiozaki et al. 2021）。

　貝類では殻と軟体部を分離して，殻と蓋は乾燥状態で保存されることが多い（図 1.17）。これは殻が分類形質として重視され，また乾燥の方が扱いやすいという理由による。殻はエタノール液浸でも保存に問題はない。軟体部を液浸標

図 1.19　カニの外骨格の乾燥標本（撮影：大阪市立自然史博物館）

図 1.20　ウミウシの組織切片のプレパラート標本（撮影：筆者）

本として別に保存する場合，台帳に記述するなどして殻標本と紐づけておくことが必要である．また，カイメン，サンゴ，ヒトデ，ウニなどでは骨格（殻）を取り出して乾燥標本にすることがある（図1.18）．甲殻類でも筋肉などの軟組織を除去して外骨格の乾燥標本を作製することがある（図1.19）．分類形質となる毛などが脱落しやすいため研究用には適さないが，展示にはよく用いられる．ヒトデや甲殻類では全体をホルマリン固定した後，そのまま乾燥させて標本とする方法もある．

　その他，微小な動物群ではスライドグラスに封入した**プレパラート標本**として保存されることがある．大型動物でも組織切片が作製された場合は同様である（図1.20）．　　　　　　　　　　　　　　　　　　　　　　　〔石田　惣〕

1.6　魚　　　類

　魚類における標本の種類は，大きく分けて，①剝製，②樹脂含浸，③樹脂包埋，④骨格，⑤透明骨格，⑥液浸がある．標本の利用目的に応じて，それぞれの種類にメリット・デメリットがある．利用目的には，博物館の4つの基本機能である調査研究，保管，展示，教育普及となる．

□**剝製標本**（図1.21）　　標本の表皮と内容物（骨や筋肉，内臓，脂肪など）を剝がして分離し，表皮は内側にホルマリンやエタノール，ホウ酸，焼ミョウ

1.6 魚 類

図 1.21 剝製標本（マツダイ）（撮影：筆者）

バン，樟脳などを塗布して防腐処理をして乾燥させ，内容物の代わりに紙粘土や綿，発泡スチロールなどの損充材を中に用いて，表皮とともに標本の生時の外観に成形する技術で作製された標本である。保存や展示には，乾燥させたままで用いることができ，よく展示利用されている。文化財害虫の食害が生じ，魚類は比較的皮が薄く硬く弾力性がないものが多いことから弱い衝撃で破損しやすい。生時の形態を正確に保存できないことから，研究目的には向かない。

□ **骨格標本**（図 1.22）　標本の骨格のみを分離して作製された標本である。各骨が分離された状態のものを**分離骨格標本**，生時の骨がくっついたままの状態，または生時の状態に組み上げたものを**交連骨格標本**という。軟骨を残すのは難しく，多くは硬骨部分のみの骨格標本である。保存や展示には，乾燥させたままで用いることができ，展示や触れるワークショップなどでよく利用されている。文化財害虫の食害が生じるが，弱い衝撃では破損しにくい。生時の形態を正確に保存できることから，研究目的に向く。

□ **液浸標本**（図 1.23）　薬品の液体により防腐処理を施して化学的に固定し，その液体で満たされた容器内で保存・保管された標本である。薬品の種類は，ホルムアルデヒド，エタノール，イソプロピルアルコールがあり，研究目的に応じて使い分けている。標本の DNA 情報などを保存しておきたい場合は，濃度 100% エタノールで何度か固定し，冷凍で保管する。この場合，脱水されて組織が収縮するので，外部形態の体長などの計測形質は保存できない。一方，計測形質を保存したい場合は，濃度 10% 以上のホルマリンで鰭をひらいて固定するなどして成形し，2 週間以上充分に固定し，その後，水道水で 1 日以上

 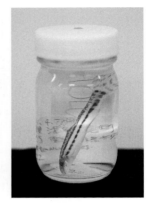

図 1.22 交連骨格標本（コイ）（撮影：筆者，口絵 9 参照） **図 1.23** 液浸標本（トウカイコガタスジシマドジョウ Holotype）（撮影：筆者）

充分に水洗した後，殺菌効果のある濃度 70% 以上のエタノール，あるいは濃度 50% 程度のイソプロピルアルコールに置換して，冷暗所で保存・保管する。液浸のため文化財害虫の食害はないが，ホルマリンは劇毒物，濃度 60% 以上のアルコールは燃えるため危険物に該当することから，法律（毒物及び劇物取締法や消防法）に基づいた取り扱いが必要である。容器の破損などによる液や臭いの漏れなどのリスクがあり，展示やワークショップには落下・漏れ防止のための厳重な配慮が必要である。主に研究目的で利用され，新種記載する論文で基準として使用された標本である「Type」（模式標本）は，液浸標本であることがほとんどである。

□ **樹脂含浸標本**（図 1.24）　標本の水分をアルコールや樹脂などで置換した技術で作製された標本である。乾燥させたままでよく，ある程度弾力性があり丈夫であることから，弱い衝撃では破損しにくい。剥製標本と比べて，丈夫で模型のような風合いが出にくく，脱水時に多少縮んでシワが出る場合もあるが，実物にかなり近い状態で成形できることから，展示や触れるワークショップなどには向いている。生時の形態を正確に保存できないことから，研究目的には向かない。

□ **樹脂包埋標本**（図 1.25）　液浸標本の処置で防腐処理した標本をアクリルやエポキシ樹脂で封入した標本である。乾燥させたままでよく，硬く衝撃には

1.6 魚　　類

図 1.24　樹脂含浸標本（トラフグ）（撮影：筆者）

図 1.25　樹脂包埋標本（ウシモツゴ）（撮影：筆者）

図 1.26　透明骨格標本（スイゲンゼニタナゴ）（撮影：筆者）

強く，文化財害虫が接触できず，薬品の臭いが漏れず，触れても壊れにくく，触って 360°観察できることから，展示や触れるワークショップなどでよく利用されている。生時の形態を正確に保存できるが，直接標本を計測できず，標本を痛めずに取り出すことが極めて難しいことから研究目的には向かない。

□**透明骨格標本**　　薬品で硬骨を赤色に，軟骨を青色に染色し，筋肉などの軟組織を透明化した技術（二重染色法）で作製し，グリセリン溶液で満たされた容器内で保存・保管される標本である（図 1.26）。液浸のため文化財害虫の食害はない。染色された骨格が，生時の立体構造で観察できることから，研究目的に向く。

〔北村淳一〕

1.7 脊椎動物（魚類以外）

脊椎動物は，分類群ごとに研究史があり，作製される標本の種類も異なる。また，学術標本と展示標本の違いも大きい。そのため，以下，分類群ごとに使用目的に分けて概説する。

1.7.1 両生類，爬虫類

両生類と爬虫類の学術標本は，通常，全身丸ごと 70％エタノール漬けの**液浸標本**として保存する（図 1.27）。標本が非常に大きく，エタノールを入れる容器がない場合は 10％ホルマリン溶液中に保存することもある。ホルマリンに比べてエタノールは高価なため，費用的制約から中小サイズの標本もホルマリン溶液中に保存されることがあるが，長期的にはホルマリンはギ酸に変化して標本を傷めるのでエタノールを使用することが望ましい。

展示用標本として液浸標本が使われることもあるが，液浸標本は褪色（色あせ）が著しく，生きているときとは見た目が大きく違ってしまうため，あまり使用されなくなってきている。代わりに**含浸標本**（液浸標本の水分を合成樹脂と置換したもの。褪色するため彩色が必要）や**レプリカ**，**模型**が使用されることが増えてきた。**真空凍結乾燥標本**が使用される場合もある。ウミガメなどのカメ類を代表として，爬虫類については**剥製標本**も展示に使用される。

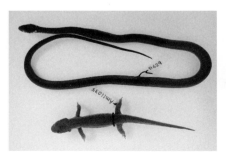

図 1.27 ヒバカリ（上）とトウホクサンショウウオ（下）の液浸標本（栃木県立博物館蔵，撮影：筆者）

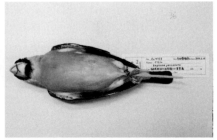

図 1.28 イカルの仮剥製（栃木県立博物館蔵，撮影：筆者）

1.7.2 鳥　類

　鳥類の学術標本は，基本的に**仮剝製**として保存される（図1.28）。皮を一度剝ぎ，内臓や筋肉などの軟組織と大部分の骨を取り除いた後，再び皮の内側に脱脂綿などを充填して形を整えた標本である。**本剝製**（一般によく知られている剝製）は義眼を取り付け，生きている姿を再現した姿勢に製作されるのに対し，仮剝製は装飾的要素を加えることなく，収納スペースをとらないコンパクトな姿勢に整形される。なお，仮剝製という名称だが，本剝製にする途中の仮の状態というわけではなく，研究用資料としての完成形である。このほか，入手時の状態が悪く，仮剝製を製作することができない場合などを含め，**骨格標本**（組み立てない状態）や**羽毛標本**が製作されることがある。また，ヒナや内臓などを，エタノール漬け液浸標本として保存する場合もある。卵は，中身を抜いた乾燥標本（**卵殻標本**）として保存する。

　鳥類の展示用標本としては，広く本剝製が使用される。また，展示の目的により，組み立てた骨格標本や卵殻標本が使用されることがある。

1.7.3 哺乳類

　哺乳類の学術標本は，通常，骨格標本（図1.29）と**毛皮標本**として保存される。骨格標本は，組み立てられていない状態で保存されることが圧倒的に多く，研究利用のためには個々の骨を観察・計測しやすい点で優れている。毛皮は，小型哺乳類では仮剝製が製作される場合と，**フラットスキン**と呼ばれる形状に

図1.29　ニホンジカの骨格標本（栃木県立博物館蔵，撮影：筆者）

図1.30　アカネズミのフラットスキン（上）と仮剝製（下）（栃木県立博物館蔵，撮影：筆者）

つくられる場合がある（図1.30）。哺乳類の仮剝製は，鳥類とは違い，内部に四肢の先の骨が残されることはあるが，基本的には毛皮だけを立体的に整形したものである。中型・大型哺乳類の場合，**なめし皮標本**として保存されることが多い。このほか，全身あるいは内臓などの液浸標本を作製することもある。

哺乳類の展示用標本としては，鳥類と同様，本剝製が広く使用される。また，展示の目的により，組み立てた骨格標本などが使用されることもある。

〔林　光武〕

トピックス　自然史博物館の資料収集方針とは

自然について幅広く深く理解するためには，多彩な標本が大量に必要となる。また，調べることが必要になったとき，対象となる生物や化石，岩石，鉱物の標本を，新たに大量に集めることは普通できない。そもそも，過去の情報はすでに収集された標本を調べることによってしか得られない。さらに，標本が増え，新たな技術やアイデアが生じることによって，かつて想像もできなかった標本の活用方法が日々生み出されている。だからこそ，博物館は，過去に収集された標本を大切に保管し，新たな標本を地道に収集してコレクションに追加し，現在そして未来の利用者に備えている。「いつかやってくるであろう研究者との出会いを待って，無目的，無制限に標本を収容する。それでこその博物館」（川端 2015）という考え方や**「無目的，無制限，無計画」という収集方針**は，博物館の理想像として多くの学芸員が共感するところだろう。

一方，多くの博物館では収蔵庫が満杯状態になり，その増設が必要になっている。博物館の設置者との収蔵庫増設の交渉の際，「無目的，無制限，無計画」という収集方針で理解が得られればいいのだが，現実は厳しい。また，日本博物館協会（2012）による「博物館の原則　博物館関係者の行動規範」の「行動規範 5. 収集・保存」では，「（前略）博物館の定める方針や計画に従い，正当な手続きによって，体系的にコレクションを形成する」とあり，法令や倫理に則った収集を行うこととともに，館の設置目的や使命に則した方針・計画に基づく**体系的なコレクション形成**が求められている。

筆者が勤務した栃木県立博物館（1982 年開館）は，新収蔵庫棟を

2021 年に供用開始したが，その過程で資料収集・保存・活用の方針や制度が検討課題となり，整備されたのでその例を紹介しよう。栃木県立博物館の**設置目的**は，「栃木県の人文と自然に関する資料を収集保存・調査研究・展示し，県の文化向上に資すること」であり，自然史資料の**収集方針**は，基本的に①栃木県産の自然史資料を収集する，②栃木県産資料を理解するために必要な県外・国外産の比較標本を収集する，③展示・教育に役立つ標本を収集する，という 3 本柱からなっている。収蔵庫増設にあたり，これら従来の方針に加え，新収蔵庫を 2047 年まで約 30 年使用することを前提として，収蔵資料の保存状態や全体量の現状を把握する仕組みなどが導入された。新収蔵庫の使用期限を設定し，言わば，その期限まで収蔵スペースをもたせる（少なくとも状況を設置者である県庁の所管課と共有する）仕組みをつくったことが特徴といえる。

　なお，資料の**除籍規定**が新たに設けられた。これは活用の可能性が失われたと考えられる資料や他施設に移管した方が有効に活用されると見込まれる資料があった場合に除籍する手続きを定めたもので，博物館内での検討はもちろん，当該資料に関する館外の専門家複数名からなる評価を要件としている。公共の財産である博物館資料の恣意的な除籍を防ぎ，有効に活用するための規定となっている。

　資料収集の方針は，館ごとに理想と現実のはざまで悩みながら策定されていく。その悩み，考える過程こそ，その館らしさを生み出していくのかもしれない。　　　　　　　　　　　　　　　　　　　　　　　　〔林　光武〕

2

自然史標本の作製方法

多くの自然史博物館では，寄贈標本や資料を受け入れるだけでなく，学芸員が野外に出て標本を自作し収蔵している。本章では，1章で概観した様々な自然史標本の製作方法について述べる。巻末の引用文献も参考にされたい。

2.1 化石，プレパラート

化石は，過去の生物の痕跡であり，未固結あるいは固結した堆積物や岩石（母岩）に含まれている。その標本作製においては，堆積物や岩石から目的の化石を判別できるように取り出す必要がある。野外で化石だけを取り外すことができる場合もあるが，堆積物や岩石の中に化石が埋まったままの状態で実験室に持ち帰り，室内で様々な道具を用いて慎重に化石を露出させることが多い。この室内での作業は一般に**クリーニング**と呼ばれる。クリーニングには，物理的な手法と化学的な処理法があり，どちらか片方を行うこともあれば，両者を組み合わせて行うこともある。クリーニングでは，化石のみを取り出すこともあるが，化石の観察や保管のために化石周辺の堆積物や岩石をあえて残した状態にとどめる場合もある。

物理的クリーニングでは，化石とその周りの堆積物や岩石の物理的性質の差を利用して化石を露出させる。例えば，層理・葉理（地層の境界面）に沿って岩石を割り挟まっている化石を見つけ出したり，タガネとハンマーあるいはエアースクライバー（エアーチゼル）で化石の周りの堆積物を削り取ったり（図2.1 の 1），サンドブラスターなどの器具を使って研削用粉末を圧縮空気で吹き

2.1 化石，プレパラート

付け母岩を削り取ったりする方法がある。堆積物があまり固結していないときには，刷毛，歯ブラシ，針の先などの身近な道具で母岩を取り除く（図2.1の2）。また，化石と母岩の物理的性質の違いを利用して，両者の間の隙間を広げることによって，化石を母岩から分離することもできる。代表的な手法としては，凍結や加熱，凍結乾燥（凍らせた堆積物から昇華によって水分を取り除く）がある。あらかじめ乾燥させておいた堆積物を沸騰している熱湯に投入し，堆積物粒子の隙間に含まれていた空気を急激に発泡させることで堆積物と化石を分離する方法は，ミリサイズからミクロンサイズの微小な化石（微化石）のクリーニングにおいてしばしば用いられている。

化学的な処理法としては，不要な岩石や堆積物粒子を結合させている物質を溶かすために，塩酸などの酸や，水酸化カリウムのようなアルカリ，有機物に

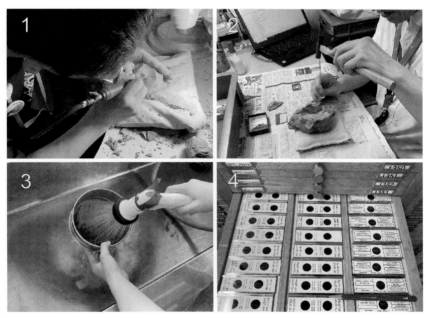

図2.1 クリーニングの様子（1：エアースクライバーでアンモナイト標本を含む岩石を削っているところ（口絵 11 参照），2：畳針で植物化石標本の周りの岩石を取り除いているところ，3：深海底堆積物をふるって有孔虫を洗い出しているところ）と，4：有孔虫スライド（微化石スライド）に収められたコノドント標本（左および中列：2穴）と有孔虫標本（右列：1穴）．

作用する過酸化水素水などの酸化剤が用いられる。どの薬品を使う場合も，化石に影響が及ばないよう，適切な濃度の薬品を適切な時間，堆積物や岩石に作用させる。また，化石に薬品が残っていると，観察や長期保管の際に化石や収納ケースを痛めるなどの問題が起こることがほとんどなので，取り出した化石から水などを使って薬品を十分に洗い流す必要がある。

　さらに，目的の化石を効率的に観察するために，特定の大きさのものや特定の比重のものを選択的に収集することがある。そのための道具としてステンレス製の篩がある。篩の目合い（目の細かさ）は数十 μm〜数十 mm と数多くあるので，目的に応じて選ぶとよい。乾燥させたものをふるうだけでなく，試料に水流を当ててふるうこともある（図2.1の3）。また，粒径や比重によって沈降する速度が違うことを利用して，不要な細粒物が含まれた上澄みあるいは不要な粗粒物が含まれている沈殿を捨てることでも，目的の化石を選択的に収集できる。そのための媒体としては水のほか，花粉や種子などの有機質の軽い化石に対しては比重が大きな重液（塩化亜鉛など）が用いられることがある。

　また，微化石においては，それらを顕微鏡で観察するためにプレパラートを作製する。一般に，有孔虫，コノドント，貝形虫など，数百 μm ほどの大きさで双眼実体顕微鏡で観察しながら筆先で移動させることができるものは，有孔虫スライド（微化石スライド）に収められる（図2.1の4）。これらより小さな放散虫，珪藻，石灰質ナンノ化石，花粉などは，適切な樹脂に封入されたプレパラートを作製し，透過型の生物顕微鏡で観察する。封入剤は紫外線硬化剤のような合成樹脂が簡便であるが，長期保管のためにはカナダバルサムやスチラックスなどの天然樹脂が優れている。タイプ標本は微化石においても原則1個体であるので，それを指定するために，1個体だけを封入するほか，タイプ標本の所在をカバーグラス上に傷をつけて示したり，スライドグラス上の位置を示す基準として用いられるイングランドファインダーの番地で示したりする。

〔齋藤めぐみ〕

2.2 岩石，鉱物など

　岩石標本は目的に応じた大きさに岩石を割りとり標本とする。研究用にはこぶし大〜人頭大の岩塊を，普及教育用には運搬を考慮してこぶし大ほどの岩塊を，それぞれ標本とするのがよい。収蔵スペースが狭く目的に応じた大きさの標本を採取できない場合も，こぶし大程度の標本は確保されたい。岩石園のような野外展示には径 0.5〜1 m の巨大な岩塊が必要である。

　岩石標本は，地質図や論文などで岩石種が明確な露頭や採石場，河床などを探し，変質していない新鮮な部分からハンマーとタガネで採取する。岩石種の確認用のルーペ，飛び散る破片から目を守る防護メガネ，落石から頭を守るヘルメットも必携である。露頭は遅かれ早かれ消失する運命なので，採取前に露頭の有無や採取可能な状況かを現地確認する。採取した岩塊はハンマーで角を割り落として大きさと形を整える（トリミング）。径 50 cm を超える巨大な岩塊は，重機や運搬用の車両を手配しておき，多人数で安全に注意して採取する。私有地，公共地ともに法規に従い口頭や文書で許可を得て採取し，過度の採取は慎む。岩石標本には試料番号を書き，新聞紙などで包んでビニール袋に入れて持ち帰る。ビニール袋にも試料番号を書く。さらに野帳に試料番号，試料（岩石）名，採取年月日，採取地名，採取者名を，地形図に採取位置と試料番号を記録し，露頭や標本の写真を撮影する。必要に応じて GPS 機器などで採取地の緯度・経度・標高を測定し，電子地図上に位置とデータを記録する。機器の故障でデータが失われる場合に備えて，野帳への記録を忘れない。岩石標本は必要に応じて岩石カッターで切断し，切断面にニスを塗布したり，切断面を研磨したりして，鉱物や組織が見やすいように処理する（図 2.2）。偏光顕微鏡観察に用いる岩石薄片の作成は松浦（2014, pp.231-234）を参照されたい。岩石薄片用に切り出した岩石チップも標本として残しておくと後の追加分析に便利である。

　鉱物・鉱石標本やテフラの採取方法も，原則は岩石標本の採取と同様である。鉱物標本は，少しの衝撃で岩石から結晶が抜け落ちたり結晶が壊れたりするため，運搬には注意する。脱脂綿や綿布などの緩衝材で保護し，木箱やプラスチックケースなどに入れて持ち帰る。新聞紙などで包みビニール袋に入れて持ち帰

28　　　　　　　　　2章　自然史標本の作製方法

図 2.2　切断後の岩石標本（撮影：筆者）
切断面にニスを塗布した標本（左）と切断面を研磨した標本（右）。

る際には，手に持つかリュックサックの一番上に入れて持ち帰る。鉱物結晶が微小の場合は，野帳にその簡略なスケッチを記し，拡大写真を撮影しておくとよい。目的の鉱物まで割ってしまったり，他の共存鉱物を失ったりすることを避けるため，現場では岩塊をあまり小さなサイズまでトリミングしない。展示用の標本は，購入や寄贈，交換により入手することも多い。購入の場合は稀少性や大きさ，美観などに基づいた適正な価格かどうかはもちろん，岩石や鉱物の同定が正しいか，産地が記載されているか，合法的に採取・販売された標本かどうかに留意する。インターネット販売やオークションで違法もしくは合法的かどうかが不明な標本には手を出さず，非合法な標本取引が横行しないようにする。

　テフラ試料は，ねじりガマで露頭の表面を整形してから，園芸スコップやス

図 2.3　整形後のテフラ露頭（撮影：筆者）

プーンを用いてサンプル袋に採取する（図2.3）。軽石やスコリアの角でビニール袋が破れる場合があるため，袋を二重にするか，さらに大きなビニール袋に入れて持ち帰る。1つの露頭で複数の試料を採取する場合は，試料採取のたびに道具類を掃除して試料の混合を避ける。試料の採取量は研究用なら50 mLでも十分だが，露頭が消失する可能性を考えると100〜500 mLは採取するのがよい。テフラ試料の採取や洗浄・篩い分けによる構成粒子の抽出と薄片標本の作製，鉱物や火山ガラスなどの同定方法は，黒川（2005）や野尻湖火山灰グループ（2018）を参照されたい。

　地層や断層の剝ぎ取り標本は，考古学の発掘や活断層のトレンチ調査などに際して採取されることが多い。土壌層やテフラ層，津波堆積物を剝ぎ取った標本もある。河原や海岸の砂堆を30 cm〜1 mほど掘り下げて地層断面をつくり，それらの堆積構造を剝ぎ取ることも行われている。竹を割るように左右2つに割り，切断面をきれいに整形したボーリングコアから地層を剝ぎ取った標本もある。剝ぎ取り標本の作製方法は池田（1987）や加藤（1996）に詳しい。これらは断層露頭の剝ぎ取り例を解説しているが，ボーリングコアなど他の対象にも応用できる。剝ぎ取り標本の作製では，剝ぎ取り範囲を適切に設定し，それより少し広い地層断面をできるだけ平滑に整形することや，剝ぎ取った標本が縮まないようにコンパネなどの木台に早急に接着・固定することが大切である。

〔加藤茂弘〕

2.3　植　　　物

　さく葉標本の製作は，植物を野外で採集するときから始まっている。草本植物は1 mを超える大型なものを除き，根元から全草をとる。小さいものはなるべく個体を複数採集する。大型草本の場合は40 cm程度に折り曲げて採集袋に入れ，研究室などに戻ってから複数個に分けて標本にする。その際に同じ個体由来の標本であることがわかるように番号を振る。大きな木本植物の場合は，果実ないし花がついた枝を，標本台紙のサイズを意識しながら剪定ハサミで切り取る。いずれも，定型の台紙にラベルとともに貼り付けることを念頭に，十分

量を無駄なく採集することを心掛ける。水生植物や藻類については，一種ごとに小さいビニール袋に入れて研究室に持ち帰る。水生植物は絡まりついた藻類や泥などを丁寧に落とし，海産藻類は真水に浸けて何度か水を変えながら塩抜きを行う。その後は水を入れた A4〜A3 サイズのバットに植物体と台紙を沈め，台紙の上に植物をすくい上げるようにして載せ，吸い取り紙で挟んで乾燥する。植物と吸い取り紙の間に，晒布ないしキッチンペーパーを挟んでおくと，乾燥中に吸い取り紙側に植物がくっついてとれなくなる事態を避けることができる。

パケット標本は標本用封筒を野外に持参し，採集したら都度封筒に詰める。封筒の表には日照，水分，土壌，基質の種類をあらかじめ印刷しておき，採集時に該当箇所に丸印をつけメモ作業を簡略化することもある。

液浸標本を作製する場合は，70％エタノールまたは FAA 固定液（後日解剖する予定がある場合のみ）とワイヤー付きサンプリングバッグを持参し，バッグに液浸固定する植物体，耐水紙に採集日や場所，色，採集者番号などデータを鉛筆で記入したもの，必要最小限のエタノールを入れて持ち帰る。後でさく葉標本にする植物体との対応がつくよう，液浸標本の番号を記した荷札をさく葉標本の植物につけるなどしておく。

種子標本の場合も，紙製の封筒を準備し表に採集者番号を記入して，さく葉標本との対応がつくようにする。標本用に種子や果実を購入した場合は，ラベルに購入店や商品名などを記述する。

植物の永久プレパラート標本は作製後，カバーグラスをかけて封入剤（カナダバルサムとキシレンなど）で封入し，スライドグラスに元標本番号や作製年月日，種類などを書き込んだシールを貼り，専用の保存箱に収めて保管する。

いずれの標本においても，いつどこでだれが採集したのかを示すラベルの作成と標本への添付は必須の作業である。標本製作後なるべく速やかにラベル作成作業を行う。

標本は長期保存を行うので，標本製作に使用する物品には耐久性が求められる。例えばラベルの貼り付けには，寿命の短いプラスチックのりではなく，アラビアゴムを使用する。植物体の貼り付けにはラミントンテープという特殊なテープを用いるが，なければコピー紙を細長く切ってアラビアゴムを塗り付けたもので代用可能である。同定の修正やラベルの出力には，耐候性に優れた顔

料インクのペン，インクジェットプリンターを使用する。また標本台紙には木本類の重さと厚みに耐えるよう一定の厚みが必要で，兵庫県立人と自然の博物館（ひとはく）ではナポレンホワイト菊版の 121.5 kg を用いている。

〔高野温子〕

■ **参考動画**：昆虫標本，さく葉標本，パケット標本の製作解説動画
ひとはく Movie（https://www.youtube.com/@HitohakuMovie）
埼玉県立自然の博物館　動画で学ぶ身近な自然（https://shizen.spec.ed.jp/ 動画で学ぶ身近な自然）

2.4　昆　　　虫

　昆虫は種の多様性が高い上，体の特性も様々であるため，標本作製方法も多岐にわたる。いずれの場合も，脚や翅を整えて標本にすることで，標本の観賞価値を高めるだけでなく，同定作業や研究活動においても役に立つ。紙面の都合上，ここでは代表的かつ一般的な作製方法を最低限解説するにとどめる。より詳細な作製方法については，各分類群を詳しく解説した文献を参照し，脚や翅の整形については図鑑などの図版を参照してほしい。

　針刺し標本の作製は，個体捕獲後の体がまだ柔らかいうちに行うのが理想だが，死後時間が経過し乾燥してしまった個体については，湿度を与えて軟化してから行う。基本的に昆虫針を刺す位置は胸部で，背面から見てやや右寄りである。展足板を用いて，ピンセットで触角や脚を丁寧に整形し，動かないよう虫ピンで固定し，乾燥させる。肉食性の昆虫は，事前に内臓を除去するか，食べたものを排出させた後に標本の作製に移る。また側面から針を刺す標本（横向きの標本）の場合，頭部を左側にして作製する。破損してしまった個体の部位は，廃棄せず，修復または台紙など（針刺し標本の場合）に貼り付けて標本に添付する。その際，別の個体の部位を使って修復してはならない。標本作製時に採集時の自然史情報（いつ，どこで，だれが）を紛失しないよう特に注意しなければならない。またラベルを昆虫針で刺すときは，文字を刺さないように注意する。

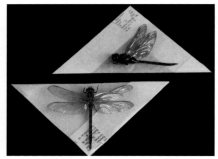

図 2.4　トンボ類の横刺し標本　　　　　図 2.5　三角紙で保管されるトンボ類の標本

□ **トンボ類**　　トンボ類の針刺し標本は，背面または側面から昆虫針を刺す 2 通りの方法がある。トンボ類の同定には胸部側面や頭部背面の模様の特徴を見る必要があることや，標本作製後の収蔵スペースを配慮すると，側面向き（横向き）の作製法が好ましい（図 2.4）。斑紋の境界を避けて胸部に昆虫針を刺して翅と脚を整形し，頭部背面が見えるようにする。細長い腹部の破損を防ぐため，乾燥させたイネ科植物の茎を頭部と胸部の間から腹部に至るまで挿入して補強する。この作業は，展示や地域資料情報の蓄積などで有用だが，挿入時に内部構造を破壊するため，以後の活用方法を配慮して作製方法を選択する必要がある。翅を広げた標本の作製法は，後述するチョウやガと同様である。

　また収蔵スペースをより確保する観点から，昆虫針を刺さず，三角紙に入れた状態で管理する方法もある（図 2.5）。資料情報の蓄積を優先に考える場合には有用だが，標本とラベルとが針に刺さっていないため展示などの活用で標本データの紛失を招きやすい。トンボ類は，体色の変化が大きく，腐りやすいため，できるだけ早急に乾燥させる必要があり，脱脂や乾燥のために薬品（アセトンやシリカ）を用いることもある。

□ **バッタ類**　　トンボと同様，背面または側面から昆虫針を刺す方法がある。腐敗を防止するため，頭部と胸部の間からピンセットを差し込み，内臓を引き抜いた後に，綿などを体内に詰める。昆虫針を横から刺して作製する場合，体の側面が観察できるよう，脚をたたんで整形する（図 2.6）。

□ **カメムシ類，コウチュウ類など**　　中・大型の個体（目安として 20 mm 以

図 2.6 バッタ類の標本作製（口絵 12 参照）

図 2.7 コウチュウ類の標本作製

上の大きさ）は，一般的な針刺し標本として作製する（図 2.7）。上述サイズ未満の小型の個体については，基本的に台紙貼り標本とする。カメムシ類もコウチュウ類も大部分が 20 mm 以下の小型種であるため，台紙貼り標本としている。後述する微小昆虫の項も参照されたい。なお，カメムシ目昆虫の中でも，セミ類や大型のハゴロモ類などの大きな翅をもつ種類については，チョウやガ，トンボと同じく翅を広げた標本にすることが多い。

□**チョウ類，ガ類**　　昆虫針は胸部のほぼ中央に刺し，展翅板を用いて，翅を広げた標本を作製する。展翅板上で広げた翅は，展翅テープと虫ピンで固定する（図 2.8）。同定の際，斑紋形態の特徴を観察することから，前翅後縁が体と垂直になるように前方へ広げて固定する。触角も前翅前縁に沿うように整える。収蔵スペースをより確保する観点から，トンボ類の標本と同様，昆虫針を刺さず，三角紙に入れた状態で翅を広げず管理する方法もあるようだが，翅の表面の特徴が重要な分類群は，翅を広げた標本を作製することが望ましい。

□**ハチ類（アリを含む）**　　スズメバチのような大型個体は，展翅および展足によって標本を作製するが，小さなハチやアリは，背面で両側の翅を合わせ，横向き（頭部を左側）に三角台紙に貼って作製する。

□**ハエ類（ハエ亜目，カ亜目）**　　ハエ亜目は多くの場合，体に生えている毛

図 2.8　チョウ類，ガ類の標本作製（口絵 13 参照）

図 2.9　ハエ亜目の標本

図 2.10　カ亜目の標本

の配列が，種を同定する重要な形質であるため，体を濡らさず標本を作製する必要がある。展翅板を利用する必要はなく，口吻と触角を出し，脚を伸ばした状態にすることが望ましい（図 2.9）。カ亜目は翅を背面で合わせた小型のハチと同様に作製する（図 2.10）。

□微小昆虫　　昆虫針を体に刺すことで，形態学的な特徴を損傷する恐れがある小さな昆虫は，微針を用いたり，台紙に貼り付けたりして標本を作製する（図 2.11）。台紙に貼り付ける場合は，三角台紙や四角台紙を用いるが，それぞれの利点・欠点がある。三角台紙は，昆虫の腹面を観察するのに適しているが，剝がれやすい。一方，四角台紙は腹面を観察するために標本をいったん剝がさなければならないが，剝がれにくいという利点もある。標本化する昆虫のどの

図 2.11 台紙貼り標本

部位に特徴があるか理解した上で，作製法を選択する必要がある。

□液浸標本　トビケラやカワゲラなどの水生昆虫や，ガロアムシ類などの体の柔らかい分類群や，多くの昆虫の幼虫，蛹などを保管するために用いられる。通常は，ねじ口式のガラス瓶に 70～80％エタノールとともに保管する。採集情報を記した紙も一緒に入れる。紙は耐水紙を用い，鉛筆か耐水性の製図用ペンなどでデータを記入する。　　　　　　　　　　　〔大島康宏・山田量崇〕

2.5　無脊椎動物（昆虫以外）

2.5.1　撮　影

液浸で保存すると，多くの場合生時の色は失われる。色彩が分類形質として重要な場合は，必要に応じて標本作製前に撮影をする（詳細は 2.6 節を参照）。

2.5.2　DNA 抽出用の組織保存

DNA 抽出用の組織を保存する場合は，できるだけ鮮度のよい段階で筋肉などの組織片を切り取り，無水エタノールに浸けて冷凍保存する。保存にはスクリューキャップマイクロチューブが適している（図 2.12）。

2.5.3　麻　酔

生きた状態で固定すると著しく収縮したり，自切したりする生物の場合は**麻**

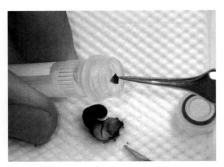

図 2.12 DNA 抽出用の組織片を切り取り保存する（撮影：筆者，口絵 14 参照）

酔を行う．汎用性の高い方法として *l*-メントールやマグネシウム塩が使われる．分類群ごとに適した方法は佐藤・伊藤（1961）や松浦（2003, p.249）に詳しい（2.5.4 項も同様）．

2.5.4 固 定

腐敗を防いだり，解剖をしやすくしたりするため，必要に応じて組織を凝固変性させる．この処理を**固定**という．最も汎用性が高いのは**ホルマリン固定**で，10%ホルマリン（海産種の場合は海水で同濃度に希釈したものを用いる）に生物体を 1～数日間浸漬させる．組織の厚みが大きいものは長めに浸漬させる．ホルマリン固定はホルムアルデヒドがタンパク質分子に強固な架橋構造をつくるという原理によるが，これは DNA 分子にも同様に作用するため，その抽出を困難にする．

ホルマリン固定後，後述のエタノール液浸で保存する場合は水洗を行う．固定液を除いた後，真水に 2～3 日程度浸漬してホルマリンを除く．

2.5.5 保 存

保存薬液で最もよく用いられるのは 70%エタノール水溶液である．大型容器などで密閉が難しい場合や，薬液のコストを抑えるために 10%ホルマリン液浸とする場合もある．ただしホルムアルデヒドは酸化してギ酸を生じるため酸性になりやすい．骨組織などの溶解を避けたい場合は，必要に応じてリン酸

2.5 無脊椎動物（昆虫以外）

中性緩衝ホルマリンを用いる。

　容器は，国内ではマヨネーズ瓶（図 2.13）が用いられるほか，胴部が塩ビ製の広口 T 型瓶（図 2.14）も普及しつつある。大型資料の場合はトスロン密閉タンク（図 2.15）や大型のプラスチックドラム（図 2.16）も使われる。微小な

図 2.13　様々な容量のマヨネーズ瓶（撮影：筆者）
左から 70, 140, 225, 450, 900 mL。

図 2.14　広口 T 型瓶（撮影：筆者）
写真は容量 2 L のもの。

図 2.15　トスロン密閉タンク（撮影：筆者）
写真は容量 12 L。

図 2.16　プラスチックドラム（撮影：筆者）
小さい方から順に容量 25, 120, 220 L。

図 2.17　小さい生物体はガラス瓶＋綿栓，またはスクリューバイアル瓶に入れて二重瓶とする（撮影：筆者）

図 2.18　晒クラフト紙にイソグラフで書かれたラベル（撮影：筆者）
撮影時点で 44 年経過している。

図 2.19　紙（紙質不明）にレーザープリンターで印字した例（撮影：筆者）
十数年後に一部の文字が剥落した（矢印）。

生物体の場合は，ガラス管瓶に入れて綿栓をしたもの，またはスクリューバイアル瓶などに入れ，さらに大きな容器に入れると扱いやすく，また小さい容器を使うよりも薬液の蒸発リスクが下がる（図 2.17）。

2.5.6　ラベル

薬液中で長期間劣化しにくいものとして実績があるのは，コットンパルプ紙と鉛筆または墨汁の組み合わせである。晒木綿や油性顔料ナンバリングインクも，組成から類推して信頼性があり，実際に数十年程度の実績がある。大阪市立自然史博物館では晒クラフト紙にロットリング社の"イソグラフ"で手書き

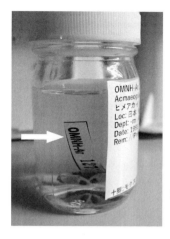

図 2.20 バックアップとして，耐久性に実績のある用紙，インクで登録番号を印字して入れておく（撮影：筆者）

する方法を従来とっており，40年程度経過したものでも目立った劣化はない（図 2.18）。プリンターで出力する場合は耐洗紙（ドライクリーニングのタグに使われる用紙，例としてオキナ社プロジェクト耐水用紙 A4 耐洗紙 PW3045）にレーザープリンターで印字する方法や，海外（主に米国）では樹脂性のフィルムに熱転写インクリボンで印字するシステム（Bentley 2004）も使われている。プリンターに頼る方法はいずれも長期間の実績に乏しいため（図 2.19），バックアップとして登録番号だけのラベルをコットンパルプ紙＋鉛筆，あるいは晒木綿＋ナンバリングなどで作成して封入しておくことが必要である（図 2.20）。

〔石田　惣〕

2.6 魚　類

標本を作製する前に，魚は傷つけないよう採集し，氷水締めや麻酔（クローブオイルなど）で安楽死させ，表面の粘液を取り除くため，標本を傷つけないように水洗いする。

□**剝製標本**　①下顎など頭部の骨と皮以外の内容物を除去するため，総排泄腔の穴からハサミを入れて，尾鰭付け根まで，腹部を切り開く。②胸鰭，腹鰭，

臀鰭，尾鰭を支える付け根の骨（担鰭骨）を皮ぎりぎりのところで切断する。③内臓，骨，体内にある肉をすべて取り除く。皮についている肉は，皮を破かないようにスプーンや解剖用メスで擦って剥ぎ取る。④鰓を広げて鰓，目玉を取り除く。⑤防腐処理のため内容物を除去した皮を70%以上のエタノールに2日以上浸す。⑥濡れた状態の皮に，取り除いた肉などの内容物の部分の代わりとして，紙粘土や綿，成形した発泡スチロールなどを詰めて，生時に近い状態に成形し，木工用ボンドなどで切り開いた部分を接着する。⑦展鰭しながら皮にシワができないようにドライヤーで乾かす。⑧必要に応じて，着色や紙粘土などで義眼を作成して目を入れる。⑨剥製の表面全体をニスや薄めた木工用ボンドでコーティングする（図1.21参照）。

□**液浸標本**　①DNA情報を保存するため，右胸鰭の一部を切除し（図2.21），100%エタノール溶液に浸し（図2.22），冷凍庫で保管する。②液浸1日後，100%エタノール溶液を交換し，その後，溶液に黄ばみなどの色がなくなるまで溶液を交換し，冷凍庫で保管する。

　その後，形態情報を保存するための処理を以下に示す。③水のたまる発泡スチロール製の浅い容器（トレー）の上に標本を置き，標本の体軸を整えて，形状が動かないように，針を容器に刺して固定する。④背，腹，臀，尾などの各鰭について慎重に鰭条と鰭膜の接合部分を針で刺してひらき，形状が動かないように針を容器に刺す。⑤形状が決まったら，形状の固定と防腐処理のため，針を抜いても展鰭した状態に維持されるまでホルマリンに15分以上浸す。

図2.21　DNA抽出用に右胸鰭を切除する（イチモンジタナゴ）（撮影：筆者）

図2.22　切除した右胸鰭の100%エタノール液浸標本（イチモンジタナゴ）（撮影：筆者）

2.6 魚　　　類

図 2.23　針とホルマリンによる展鰭形状固定処理（イチモンジタナゴ）（撮影：筆者，口絵 15 参照）

⑥生鮮状態の色が残っているうちに，登録番号を記したラベルとスケール入りのカラーチャートとともに標本写真を撮影できるとよい（図 2.23）。

⑦濃度 10% 以上のホルマリンで 2 週間以上固定し，その後，水道水で 1 日以上充分に流水に浸して水洗した後，殺菌効果のある濃度 70% 以上のエタノール，あるいは濃度 50% 程度のイソプロピルアルコールに置換して，冷暗所で保存・保管する（図 1.23 参照）。

□**透明骨格標本**　　標本を① 10% 中性ホルマリンで 2 週間以上充分に固定し，② 2 日以上水洗する。③軟骨を青色に染色するため，95% エタノールと氷酢酸が 4：1 の割合の混合液 100 mL に対して，アルシャンブルー 8GX を 20 mg の割合で溶かした液に 4 時間以上浸す。④新しい 95% エタノール溶液に置換し 1 時間ほど浸すのを二度繰り返す。⑤標本が底に沈むまで濃度が 75%，45%，15% のエタノール溶液に順に置換していく。⑥水道水で 2 日以上水洗する。⑦四ホウ酸ナトリウムを飽和するまで溶かした飽和ホウ砂水溶液と水が 3：7 の割合の混合液 100 mL に対して，2〜3 mg のトリプシンを溶かした液に，体が透明になり骨がよく見えるようになるまで 3 日間以上浸す。⑧硬骨を赤色に染色するため，濃度 0.5% 水酸化カリウム（劇毒物，強塩基）溶液 100 mL にアリザリンレッド S の粉末（小さじ 1 杯）を飽和するまで溶かした液（紫色になる）に 30 分以上浸す。⑨染色液がある程度抜けるまで 0.5% 水酸化カリウム溶液に浸し，その後，過酸化水素水を数滴加えて 2 分以上浸し，黒色素胞を除去する。⑩標本が底に沈むまで，0.5% 水酸化カリウム溶液とグリセリン

が3：1，1：1，1：3の割合の混合液に順に浸していく。⑪グリセリン液を入れて保管する。　　　　　　　　　　　　　　　　　　　　　　　〔北村淳一〕

2.7 脊椎動物（魚類以外）

　標本作製の対象となる個体の入手について，野生の鳥類と哺乳類（家ネズミを除く）は，**鳥獣保護管理法**によって許可なく採集することが禁じられているため，通常，野外で拾得された死体や死亡した飼育個体から標本を作製することになる。一方，両生類と爬虫類は，野外で採集された個体から標本を作製することが多い。両生類は，MS222（3-アミノ安息香酸エチルメタンスルホン酸塩）水溶液（濃度4％前後）またはクロレトン水溶液（飽和溶液の3～4倍希釈液）に入れて麻酔または殺処分を行った後，標本作製作業に入る。爬虫類については，冷凍死が用いられることが多い。なお，これらの動物群は人と共通の寄生虫や感染症をもつことがあるため，素手で触らず手袋をつけて扱うなど，衛生面の配慮が必要である。また，標本を作製する前に，体重や体の各部位などの計測・記録を，分類群ごとの方法に従って行う。

　以下，標本の形状別につくり方を概観する。

2.7.1 仮剝製，毛皮標本

　哺乳類の**毛皮標本**，哺乳類・鳥類の**仮剝製**や**本剝製**は，本質的には皮の乾燥標本である。通常，腹側の皮に最初の切れ目を入れて全身の皮を剥いで作製する（図2.24）。

　鳥類においては，仮剝製が標準的な学術標本の形態であり，内部の筋肉，内臓，脂肪，骨の大部分を取り除き，代わりに綿などを入れて整形する。ただし，通常，頭骨，前肢の骨，後肢の膝から先の骨は仮剝製内に残される。

　哺乳類は毛皮の残し方にいくつかの方法がある。毛皮の内側に詰め物をして立体的な形に仕上げる仮剝製，剝いだ毛皮を対象動物の大きさや形に合わせた台紙に取り付けてカード状にするフラットスキン，剝いだ毛皮をなめして保存するなめし皮標本などである。哺乳類の場合，四肢の指先の骨が毛皮側に残さ

2.7 脊椎動物（魚類以外） 43

図 2.24 アライグマの皮を剝ぐ（口絵 16 参照）　図 2.25 茹でて作製したアライグマの骨格標本

れることが多い．

　哺乳類と鳥類の仮剝製や毛皮標本には，通常，標本データを記入したラベルを糸で結ぶなどの形で貼付する（図 1.28，1.30 参照）．フラットスキンの場合は，台紙にデータを記入する．いずれの標本においても，保存性を高めるためには，剝いだ皮の内側の脂肪や結合組織などを丁寧に取り除くことが必要である．作製法の詳細は，大阪市立自然史博物館（2007）を参照されたい．

2.7.2 骨格標本

　哺乳類の学術標本としては，骨格標本が重要である．対象動物の皮をむき，内臓を取り除いた後，骨から筋肉その他の軟組織をきれいに除去して作製するが，軟組織の除去には，以下のような方法がある．①鍋で茹でる（図 2.25），②カツオブシムシに食べさせる，③長期間水に浸けて腐らせる，④土の中に埋めて骨になってから掘り出す．①〜③は，様々な対象動物に用いることができる．④は主に大型動物に用いられる．鳥類の骨格標本の作製方法も，哺乳類と共通である．それぞれの作製方法の詳細は，大阪市立自然史博物館（2007）を参照されたい．

2.7.3 液浸標本

　両生類と爬虫類の学術標本は**液浸標本**として残される．魚類の液浸標本（2.6 節参照）と同様，10％ホルマリン溶液で固定した後，流水中でホルマリンを抜き，70％エタノール溶液を入れた瓶で保存する．固定の際，両生類にはホルマ

リンを注射する必要はないが，爬虫類の場合，小型の種であっても腹腔内や消化管などにホルマリンを注射する必要がある。なお，ホルマリン固定の際に，まずペーパータオルを敷いた浅い容器中で姿勢や四肢の形を整え，数時間経って形が固まってから全身が浸るホルマリン容器に移すと，標本の観察や計測がしやすい標本を作製することができる。ヘビ類は，瓶の中にとぐろを巻くような形状で固定されることが多いが，保存瓶のサイズに合わせた折りたたみ型にすると瓶からの出し入れや標本計測に適した標本になる（図1.27のヒバカリ液浸標本参照）。また，サンショウウオなどの有尾類は，口に小さく丸めたティッシュペーパーなどを嚙ませて固定すると，口の中を観察しやすい標本をつくることができる。標本ラベルとして，ホルマリン固定の際に標本番号を記したタグを標本に木綿糸で結わえつけるのが一般的である。〔林　光武〕

　自然史博物館における資料収集の手段

　自然史博物館は様々な手段で資料を収集している。

　一般的なのは**館員採集**で，館員が自ら採集するという方法である。

　館外の所有者から無償で譲り受ける**寄贈**も多い。寄贈者自身が採取した資料の場合，採集時の記録である野帳や採取地点の地図も提供してもらえば，重要な情報源となる。寄贈者の経歴や資料の由来のような情報も，展示制作に役立つ。在野の研究者や愛好家との協力関係は大切であるが，著しく状態が不良なものや産地が不明なものなど，博物館資料として不適切なものは，寄贈の申し出を断る勇気も必要である。活用困難な資料で収蔵庫が埋まり，真に収蔵すべき資料を受け入れられない状況は避けなければならない。

　移管とは，施設の統廃合などに伴って資料の管理者を変更することである（厳密には，同一自治体内でなければ手続き上は寄贈になる）。近年，財政状況の悪化により，市町村立の博物館が管理しきれなくなった資料を他施設に移管する事態が生じている。貴重な資料の散逸を防ぐことは重要であるが，適切な努力を払わずに資料を丸投げするような安易な発想には注意したい。収集した資料の保管や，保管に必要な体制の整備は元の館の設置者の義務である。

標本販売業者などから資料を**購入**する際は，価格が妥当かだけでなく，輸出入に法的な問題がないか，産地情報の信憑性，加工や修復の程度も吟味する。

所有者が所有権を保持したままの資料を預かる方法は**寄託**という。事前に所有者と協議して条件（保管環境，公開や複製物の作製の可否，費用など）を決める。寄託を受けるには，その資料を適切に保存できることに加え，研究や展示で活用できるといった利点もあることが望ましい。ただし，証拠標本の保存の観点から，寄託資料を研究に用いた場合は成果の公表までに寄贈を受け，登録資料にすべきである。

このほか，植物標本などでは館同士で重複標本を**交換**してコレクションを充実させることがある。

いずれの手段でも，法令上の問題が生じないよう留意する。採取にあたり地権者や関係機関からの許可が必要な場合，採取や取引自体が規制されている場合，受入時に関係機関への通知や届出が必要な場合がある。近年，違法に採取された資料の返還を求められたり，ABS[1] に関する手続きを怠った論文が撤回されたりする事案が相次いでいる。海外産の資料を取得する際は特に注意を要する。　　　　　　　　　　　　　　　　　　　　　　　　〔生野賢司〕

トピックス	**標本 DNA をよりよく保存する方法**

標本には，過去にその標本が採集された当時の遺伝情報が含まれている。生物の遺伝情報には一般的に DNA と RNA が含まれるが，RNA は分解が早いために，ほとんどの標本では利用できない。そのため，標本中の遺伝情報をつかさどる物質はしばしば標本 DNA と呼ばれる。近年の遺伝解析技術の発展もあり，標本 DNA を用いた研究は"ミュゼオミクス"と呼ばれ，海外を中心に急速に発展してきた（Nakahama 2021）。

DNA は基本的に RNA よりも長期間保持されるが，それでも数年〜数百年も経過した標本からの解析は非常に難しい。そのため，新鮮なサンプルと比べて解析のコストは非常に高くなってしまう。したがって，標本に遺伝資

---

1) 「遺伝資源の取得の機会及びその利用から生ずる利益の公正かつ衡平な配分」のこと。access and benefit-sharing の頭文字をとって ABS と呼ばれる。

源としての価値を付与するためには，できる限り標本DNAをより解析しやすい品質で保存することが望ましい．ここでは，簡単にその方法について紹介する．

　まず，DNAをより完全に近い状態で保存するのであれば，−20℃以下での冷凍保存が最もよい．保存用の標本から一部を切り取り，1.5 mLチューブや2.0 mLチューブに保管しておく．このとき，DNAサンプルを入れたチューブに標本本体の番号を紐づけておく必要がある．ただし，冷凍庫はしばしば予期せぬ停電や故障などにより，冷却機能が突然失われることがある．そうした不測の事態に備え，温度が上がってもDNAが保持されるように，DNAサンプルを脱水しておく必要がある．動物サンプルであれば，無水エタノールやプロピレングリコールとともにチューブに入れる，植物サンプルであればシリカゲルで乾燥させてからチューブに入れるのがよい．

　ただし，この方法は設備や維持のコストがそれなりに高い．昆虫標本の場合，完全な状態ではないものの，次のような方法で，十分多くの遺伝解析に耐える品質のDNAを残すことも可能である．標本から脚などのDNA用の組織を切り取って，プロピレングリコール（保存液）とともに，0.2 mLチューブに入れ，チューブの蝶番に乾燥標本を刺した昆虫針を刺して保管する方法である（図2.26; Nakahama et al. 2019）．紫外線による劣化や蒸発を防ぐため，チューブの開口部をパラフィルムで巻き，チューブ全体をアルミホイルで遮光しておくとなおよい．〔中濱直之〕

図 2.26 DNAサンプルを付加した昆虫標本
適宜パラフィルムによる密閉やアルミホイルによる遮光を行うとよい．

3

自然史標本の整理方法

　寄贈を受けた，また学芸員が製作した標本は，岩石，植物など種類ごとにまとめられて整理される。整理の方法は大きさや重さなど資料の特性に応じて変わるが，いずれも長期にわたる保管と以後の活用のしやすさを念頭に置いて行われる。

3.1　化　　石

　化石標本の整理方法は，各分類群の特性だけでなく，当該博物館が扱う標本の範囲（分類，時代，形態，保管方法など）により大きな違いがある。高次分類群による区分ののち，現生生物のように分類（例えば科ごと）に基づいた標本整理を採用する事例は少なく，時代や産地ごと，あるいは寄贈した個人，機関などのコレクションごとに管理するなどの事例が見受けられる（松浦 2003, pp.187-220；2014, pp.185-220）。この背景には，化石の保存状態が産地，すなわち各地点の地層により異なるため，分類群に従わない方が状態に応じた保管方法をとるのに都合がよいためであろう。1 つの博物館が取り扱う標本は一般に広い時代範囲にまたがるため，地質学的にほぼ一時期を代表する地点あるいは地域の標本をまとめた方が時代ごとの関係性を掴みやすいという利点もある。分類体系に沿った配列の場合，標本の増加に応じて適宜標本を移動するか，あらかじめスペースを確保しておく必要があるが，化石標本は大きさや形が標本ごとに大きく異なる上，一般に重量が大きいため，運用上の問題が出る可能性がある。さらに，化石は自然の作用で堆積したものであるため，既知のグルー

プであったとしても，収集が難しい場合があることも大きな要因と考えられる。一方，化石標本の整理には分類群ごとの特性もあるため，ここでは国立科学博物館の事例を紹介する。

3.1.1　分類群ごとの事例

□無脊椎動物化石　　全体を分類の「門」で分けて保管している。特に収蔵数が多い軟体動物は，頭足綱とそれ以外の軟体動物の綱（二枚貝，巻貝，ツノガイなど）とで分け，前者では，基本的に登録順に配置している。ただし，タイプ標本を含む論文に使われた標本やそのレプリカは，論文ごとにまとめて別場所に保管する。これは活用のしやすさを念頭に置いた運用である。保管には移動標本棚の引き出しや中量棚を適宜利用する。まとまった個人コレクションが多い特徴があり，それらも別場所にまとめて保管している。

□脊椎動物化石　　魚類，両生・爬虫類，鳥類，哺乳類（陸生・海生）のグループごとに区分し，基本的にはそれぞれを登録番号順に配置している。多くの標本は移動標本棚の引き出しに収納するが，重量の大きな標本や大型標本は専用スペースに分けて保管している。タイプ標本は固定棚に配し，番号によらず分類順の配列を行っている。諸外国で報告されたタイプ標本のレプリカ（**プラストタイプ**）の収集を行っており，実物のタイプ標本と同様な管理を行っている。

□植物化石　　標本の保存状態（鉱化した材化石か否か）および保管方法（液浸標本か否か）により保管エリアを分け，さらに中・古生代と新生代に分けて管理している。配列は登録番号順を基本とし，事例の多い板状の標本は移動標本棚の薄型引き出しケースに，大型標本や重量物はコンテナケースに入れて別に保管する。登録の際，産地ごとにまとめて登録することで，**各産地での種の多様性**を把握しやすいように工夫している。なお，タイプ標本を含む論文標本は，番号によらず，論文ごとにまとめて保管している。

□微化石　　標本の出生に基づいた資料区分を基本に，研究者のコレクションや**国際深海掘削計画**の採集資料などで分けている。標本の状態は個体が分離されプレパラートになったものもあれば，群集単位で保存された標本もあるなど個別に大きく異なる。また，微化石を抽出した岩石や堆積物，水などを追試のために保存する場合もある。このため，標本の状態に応じてキャビネットを分

け保管管理している。登録順に採番しており，分類順の区分は行っていない。そのため，データベースに資料の収蔵位置を入力して管理している。

3.1.2　その他

　国立科学博物館での化石標本の整理方法を紹介したが，これら登録標本以外に多くの未登録標本があることにも触れておきたい。化石以外のあらゆる標本に共通することと思われるが，標本を整理して同定するまでには長い時間を要する場合が多い上，標本の収集ペースは研究の進捗と必ずしも同調しないからである。標本管理や収蔵施設の設計を行うにあたって，**未登録標本**の存在は見過ごすことができない。なお，収蔵にあたっては，未登録標本であっても，採集時の情報が参照できるよう，必ず標本にラベルなどを付すべきである。

〔矢部　淳〕

3.2　岩石，鉱物など

　地学系資料の受入れから収蔵・保管に至るまでの主な流れを図 3.1 に示す。地学系資料は岩石，鉱物などの多岐にわたり，採集，寄贈，購入など入手方法も様々である。しかも収蔵スペースには限界があるため，収蔵義務のある購入資料を除けば受入れやその後の登録に際して標本の取捨選択が必須である。すなわち，標本の質や量，稀少性，将来の採取可能性などを総合的に判断し，収蔵すべき標本を客観的に選ぶ。寄贈標本も受入前か，承諾を得た上で受入後の登録時に取捨選択する。登録しない標本にも展示室や講義室などで整理・保管し，展示や普及教育などに利用できるものがある（図 3.1 の資料 A，B）。これらは管理者がルールを設定し，登録・保管標本に準じて整理・保管する。このような未登録標本の活用は登録標本の破損や消耗を防ぐためにも有効である。

　資料登録でははじめに標本に資料番号（標本番号）を与える。資料番号は岩石，鉱物，化石などの区分名と登録順の数字で与えられる例が普通である。岩石なら rock の R，鉱物なら mineral の M を用いて，R-10023 や M-2053 のように示す。資料番号は登録や検索時の基本情報であり，わかりやすいものが望

ましい。資料番号の付与後にデータ登録し，標本写真を撮影してアーカイブや公開用に加工処理して登録データベースに関連づける作業を行った後，収蔵庫に整理・保管する。アーカイブ資料の作成（図3.1）は標本の登録・保管後に進めても問題ない。展示標本も収蔵庫内に保管場所を確保し，データベースに記録する。展示などで使用した後は標本を必ず元の保管場所に戻す。データベースに登録すべき標本情報の例は図3.1を参照されたい。岩石名は大まかな分類（花崗岩，砂岩，結晶片岩など）としておくのが現実的かつ便利である。鉱物は正しい鉱物名での登録が基本であるが，同定が不確かな標本では鉱物名を「黄鉄鉱？」「<u>黄鉄鉱</u>」のように表記しておき，同定が確実になされてから修正する。鉱石などで複数の主要鉱物が識別・同定される場合は，「黄銅鉱・斑銅鉱・閃亜鉛鉱」のように複数種を列記するか，「主要鉱物：黄銅鉱，随伴鉱物：斑銅鉱・閃亜鉛鉱」のように含有量に応じて分けて記載する。

　岩石，鉱物，テフラでは，原資料（親標本）から岩石チップや岩石薄片のような二次資料（子標本）を作製することも多い。子標本の登録には，①両標本とも同一の資料番号とし，親標本のみ登録情報に子標本の種類や個数を記録す

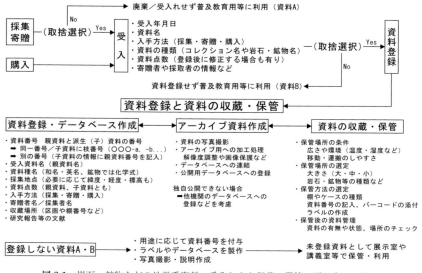

図3.1　岩石，鉱物などの地学系資料の受入れから収蔵・保管に至るまでの流れ

る，②親標本の番号に引き続いてアルファベットなどを用いた枝番号を子標本に与える（親標本：R-10023，子標本：R-10023a，R-10023b…），③子標本に親標本に引き続く異なる資料番号を与える，などの方法がある。岩石薄片のように親標本と異なる場所に保管される例を考慮すると①の方法がよい。大型脊椎動物化石などでは，枝番号による②の方法が用いられる場合が多い。さらに登録標本を用いた研究報告がある場合には，登録情報の備考欄にその文献を記載しておく。日本産新種鉱物のような稀少標本では，その発見報告を記載することが望ましい。写真は標本の大きさと特徴を理解できるように，スケールを添えて影にならないように撮影する。利用頻度の高い標本は，書籍や展示などに利用できる高解像度で見栄えのよい写真を撮影・保存しておくと便利である。アーカイブや公開用に撮影した写真は，実物標本の資料番号が失われた際にその確認や登録情報の参照に役立つ。登録しない標本（図3.1の資料A，B）をレファレンス用資料などで利用する場合も，写真を活用すると保管場所や紛失の有無の確認に便利である。なお，岩石，鉱物などの個々の標本の整理方法の詳細は松浦（2014，p.250）を参照されたい。　　　　　　　　〔加藤茂弘〕

3.3　植　　　物

　管理者や利用者にとって「よい」配架方法は，施設や資料の性質によって異なる。植物標本の収蔵施設を**ハーバリウム**（植物標本庫，〜室，〜館）というが，ハーバリウムでの資料の配列は普通，階層的である。主には，上位の階層では①生物の分類体系を反映させた配列によって，同時に使用する資料が近い位置に配架され，下位の階層では②アルファベットに従った配列によって，目当ての資料を探しやすいように配架されている。

　同じ種のさく葉標本は**ジーナスカバー**（または単にカバー）と称される2つ折りの厚紙で挟み，まとめて扱えるようにする場合が多い。カバーには学名（科名，種名または亜種名，変種名など）を記し，必要に応じて和名などを併記する。カバーが複数にわたる場合，都道府県や国内・国外など地域別に分けて利便性を高めるとよい。カバーは棚（両開きのスチール製が多い）に配架し，収

蔵点数の増加に対応するため，余裕をもって配架する（空棚があってもよい）。

普通，維管束植物（被子植物，裸子植物，シダ植物）の場合，採用した分類体系で示されている順に従って科を配列し，科の中でアルファベット順に種のカバーを配列する（学名で配列するため，自ずと属のアルファベット順にもなっている）。亜種や変種のカバーを設ける場合は，その階級の形容語（var. *album* であれば *album*）のアルファベット順に続け，種名と同じであれば（すなわち基準亜種や基準変種）は他の種内分類群より前に置くと便利な場合が多い。なお，コケ植物の場合はセン類，タイ類，ツノゴケ類の別に種のアルファベット順とし，目や科を反映させないのが通例である。

種まで同定されていない標本は，各属や各科の末尾に属名または科名だけのカバーを用意して配架する。雑種式で表される雑種（学名×学名）や，標本点数が少なくカバーを別個につくらない分類群も，やはり属の最後にまとめるのが便利である。科がわからない標本は，専用の棚を設けるとよい。

なお，利用者や管理者が標本の同定を変更・修正する際には，標本台紙に**アノテーションカード**を貼り，カードに学名，同定者名，同定年月日などを記入して，変更後の同定に従って配架する。この際，管理者以外に変更後の配架作業をさせない方がよい。管理者の知らない変更や，カードの伴わない変更は，データ管理上，非常に厄介な混乱を招く。

タイプ標本の配架方法は施設によって異なり，通常の標本と同様に配架する（赤い目印のついた紙で挟む）場合や，該当属・該当科の最後に配架する場合，タイプ標本だけをまとめて専用棚や耐火金庫に保管する場合がある。

ところで，標本を科ごとに配列するためには，管理者はどの分類体系に従って科を設定するかを選択する必要がある。被子植物の場合，日本では長年にわたり，多くの図鑑やハーバリウムが**新エングラー体系**（1964 年にエングラー体系を修正したもの）に従っていたが，DNA による分子系統解析とともに，大きなワーキンググループ（被子植物系統グループ Angiosperm Phylogeny Group）による **APG 体系**が世界的に台頭した。APG（1998 年）や APG II（2003 年）の採用例は比較的少ないが，近年の図鑑は APG III（2009 年）や APG IV（2016 年）を採用していることが多い。ハーバリウムにおいても，2012 年に国立科学博物館で再配架されて以降，兵庫県立人と自然の博物館，北海道大学総

合博物館，東北大学植物園などで採用されている。

シダ植物で採用されている分類体系は様々だが，分子系統を反映させた PPG I（2016 年）がシダ植物系統グループ Pteridophyte Phylogeny Group により発表されており，国立科学博物館などで採用されている。裸子植物では 2011 年や 2022 年に分類体系が発表されている。裸子植物の科の範囲は安定しており，近年ではスギ科がヒノキ科に，イヌガヤ科がイチイ科にまとめられる（後者は議論あり）ことに気をつければ，混乱はほぼない。

どの分類体系を採用するにせよ，何がどの科に属しているかは分類体系によって異なるので，配架・閲覧の際にはどの資料がどの科に属しているかを確認する必要がある。そのため，施設には属・種と科の対応がわかる資料や，棚番号と科の対応リストなどを備えるのが望ましい。最近の分類体系の内容は，被子植物・裸子植物は『改訂新版 日本の野生植物』（大橋ほか 2015-2017），シダ植物は『日本産シダ植物標準図鑑』（海老原 2016-2017）が参考になる。また，採用しない学名（シノニム）の位置に，施設で採用する学名を併記した厚紙を配架しておくと，何かと便利である。体系によって科が異なる分類群についても同様である。　　　　　　　　　　　　　　　　　　〔李　忠建〕

3.4　昆　　　虫

昆虫類は様々な環境に適応して多様化した，現生物種の半数以上を占める一大グループであり，昆虫標本はどの自然史博物館でも，収蔵点数の上で他の資料を圧倒するという特徴がある。また，昆虫類の標本で主流の針刺し標本は，コンパクトで収集しやすく，昆虫類の地域変異や個体変異の多様さを視野に入れると，膨大な資料数を扱うことは避けて通れない。自然環境が目まぐるしく変化した国内の高度経済成長期には，地域ファウナ，フローラ解明の活動が活発で，地元研究者による積極的な収集がなされてきた。これは生物多様性の維持や解明の観点からも当時の自然環境を比較検証する上で，貴重な情報源になる。この時代に採集された昆虫標本は，団塊の世代もしくはその次の世代が多く所有しているため，博物館などへの寄贈依頼は近いうちにピークを迎えるだ

ろう。博物館はそのような標本をできる限り受け入れるのが望ましいが，収蔵庫のキャパシティ，整理作業の人的・経済的確保も考慮しなければならないという課題は，全国の博物館で共通である。

地域の博物館が地元の資料を収集し，管理・保管して後世へ伝えることは，極めて重要な使命ではあるが，その莫大な資料数を維持管理するのは容易ではない。収集した資料が適正に管理されないのは，「資料管理」という博物館の機能上問題であるが，実際，多くの博物館で日常的な課題となっている。特に，昆虫類は膨大な数が標本化されずに寄贈される例もあり，このような無数の未標本状態の資料を活用するための標本化や整理作業は，ただでさえ人手不足の学芸員の業務を大幅に圧迫する。膨大な資料数を管理する学芸員は，限りあるキャパシティの中で，収集と整理作業を両立させつつ，各々の博物館の個性をコレクションに反映させなければならない。

3.4.1 未標本資料と未整理標本

そもそも標本とは，自然物に手を加えて保存可能な状態にした資料もしくはその一部であり，基本的な自然史情報とともに，良好な状態で保管されていることが基本である。未標本の状態（主にタトウなどで保管された個体）の資料は利用しにくい上，自然史情報の欠如，文化財害虫の被害や破損が散見される。これらは「標本」と呼ぶに及ばず，むしろ**未標本資料**と呼ぶのが適切であろう。これらの資料がきちんと標本化され，同定という過程を経て，配架されるまでの一時的な状態を**未整理標本**と呼ぶ方が，標本の整理段階を把握しやすい。近年，標本の活用促進の一環としてデータベース化が進んでいるが，未標本資料は扱いにくい。未標本資料の寄贈依頼には，収蔵庫のキャパシティや活用を熟考し，事前の標本化や同定作業などについて寄贈予定者と合意しておくなどの対応が必要であろう。

3.4.2 標本の保管と基盤となる配架

昆虫標本の保存や管理には，定型の**大型ドイツ型標本箱**（ドイツ式標本箱：定型は 507×418×60 mm）が用いられ，標本箱の規格に合わせてつくられた専用の収蔵棚に入れて管理する。スチール棚の天板部分に標本箱を立てて保管

することもあるが，標本の脱落・破損の恐れがあるため好ましくない。

　昆虫標本は，基本的に収蔵庫の棚に分類群ごとに配架・保管される。資料管理で重要なことは，利用者が目的とする標本へたどり着きやすい環境にすることである。収蔵庫における昆虫標本の利用者は，昆虫類の分類を体系的に理解した人にほぼ限定されるため，**分類群ごとの整理・配架**が望ましい。分類群によっては，近年でも体系の提案が提唱されるが，体系についての考え方は研究者によって異なるものと考え，収蔵庫の配架は汎用性の高い**図鑑**や**カタログ**(例えば，『日本昆虫目録』（日本昆虫目録編集委員会 2013-2020）など）に準じて配架しておくことが望ましい。博物館によっては寄贈コレクションごとに管理する場合もあるが，特別な事情を除き，どの博物館も同じような配架・整理方針をとることが理想である。

　なお，学名の基準となるタイプ標本は，博物館資料の中で学術的に最も重要であるため，一般標本とは別に厳重に管理しなくてはならない。公的な研究機関において，安全で永続的な管理を国際的に勧告されているからである。昆虫の場合，担名タイプであるホロタイプのみ一般標本とは別に管理し，パラタイプなど担名タイプではない他のタイプ標本は一般標本と同じ場所で保管することが多い。タイプ標本専用の収蔵庫を設えることができれば理想だが，様々な理由により現実的には難しいので，せめて耐震（免震）・防火対策の施された施錠可能な場所や棚に置いて管理するとよい。

■ 3.4.3　未整理標本から同定まで

　内容が同じコレクションでも，体系的に配架された状態と，そうでない場合とでは，その価値は大きく異なる。昆虫類はその多様さゆえ，すべての昆虫類の同定・整理が可能な研究者は存在しない。数少ない学芸員とその能力だけで，**資料整理を完璧に完結させることは極めて困難**で，労力と時間を大幅に費やす。

　しかしこのような整理作業も，館外の様々な分類群の専門家（学芸員を含む）の協力により，前進させることができる。はじめから完璧な整理・配架を目指すのではなく，最低限の整理作業にとどめておき，詳細な同定・整理には，外部の専門家による資料活用段階での整理に頼るなど，段階的な作業計画を立て

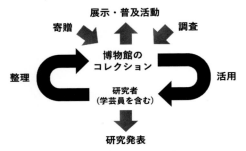

図 3.2 博物館資料の活用サイクルによるコレクション価値の創出（大島 2024）

ることが望ましい。一方で，学芸員をはじめ様々な分野の専門家は，他館のコレクションを利用する際は，自分の専門分野の標本を整理して帰るということを意識しておくと，博物館のコレクションは，活用されるたびに価値のあるコレクションへ成長していくだろう（図3.2）。

　また，国内では資料の整理にボランティア活動を取り入れている例も少なくない。博物館側は，ボランティアに対して，単なる作業のお願いではなく，彼らの生涯学習の活躍の場，自己啓発の一環として作業の協力を得ていると意識しておくことが重要である。

　このように学芸員は，館外の様々な人と協力することで，コレクションの価値の向上に資することができ，所属を超えた人的つながりが極めて重要となる。その際，研究だけでなく様々な博物館活動に関して対話することで，現在の課題抽出や過去の事例紹介など，知恵を出し合う絶好のチャンスになるともいえるだろう。

〔大島康宏・山田量崇〕

3.5　液浸標本（脊椎動物，無脊椎動物）

　主に両生類や魚類など脊椎動物の液浸標本は，1個体に1つの登録番号を与え，耐水紙や白布に鉛筆や耐水・耐ホルマリン・耐アルコールのインクで登録番号や種名，採集日，採集場所などを記したラベルを標本に紐で結びつけて，ガラス製あるいは塩化ビニル製の標本容器1つに，空気を入れないように保存

液を満たして保管するのが理想である（図1.23参照）。しかしながら，収蔵スペースに限りがあることから，スペースの節約のため，下記のような**ロット方式**を採用して，工夫して保管する場合もある。

　採集日や採集場所，種（亜種）が同じロットは，複数個体に単一の登録番号を与え，ラベルとともに剣山などで細かい穴を開け通水性を確保した1つのビニール袋に入れる。この標本の入った袋を複数まとめて1つの標本容器に入れて保管する（図3.3）。なお，同じ種あるいは近似種で，採集日や採集場所が異なる標本の入った袋同士は，袋が破けて標本とラベルが混ざった場合に，対応関係が区別できなくなるので，一緒に1つの標本容器に入れない方がよい。また，この場合，容器内の保存液の体積も少なくできるが，標本から染み出す液で保存液の濃度が薄まるので，使用済みの70％以下のエタノールなどで脱水の下処理をしてから，保存液（可燃性のない濃度である59％以下のイソプロピルアルコールなど）を入れて，冷暗所で保管する。保管中も標本を観察し，保存液が少なくなった場合や保存容器が劣化した場合は，交換あるいは補充する。無脊椎動物の場合も，脊椎動物と同様に，標本を入れる管瓶と，管瓶を入れる標本容器を用いて，二重液浸法で保存する（図3.4）。管理も同様にロット方式で管理する。標本容器を収めた標本棚は，大まかに綱から目レベルで分けられている。

　ガラス製の瓶は落下などの強い衝撃で割れることがある。破損防止策のため，

図 3.3　ガラス製標本瓶内で液浸された標本（右は保護ネット付き）（撮影：筆者）

図 3.4　クモ類の液浸標本（撮影：筆者）複数の管瓶を標本容器の中で保管する。

瓶をエバフレックス（エチレン-酢酸ビニル共重合樹脂）製の保護ネットで覆い（図3.3右），その瓶を箱に入れ，箱を置く棚には落下防止の棒を設置している（4.3，9.1節参照）。建物の躯体は免震あるいは耐震構造が望ましい。棚内の配置は，分類群の数や空きスペース確保の可否など，博物館によって事情は異なる。基本的に標本容器は，扱いやすさや探索しやすさから，科レベルで分けられていることが多い。そのため，科名のアルファベット順や管理を始めた時点での科レベルの系統関係に基づいて配置することが多い。系統関係に基づいて標本容器を配置した場合，分類体系の変更のたびに，再配置することは推奨されていない。これには相当な労力が必要であり，標本の移し替えミスの可能性もあるからである。その他，著名な研究者が残した大きなコレクションの場合は，そのまま「○○コレクション」として，他の標本と独立に管理することが多い。いずれの場合も，管瓶につけられた管理番号と中に何が保存されているかは，データとして管理することが必要である。このように，管理方法は様々であるが，どの方法においても，求めている標本にたどり着くことができるということが重要である。

〔北村淳一・山﨑健史〕

3.6 脊椎動物（乾燥標本）

　脊椎動物の主な乾燥標本は，**剥製（仮剥製・本剥製），毛皮標本，骨格標本**であり，その他，羽毛標本や卵殻標本などが製作される（松浦 2003；大阪市立自然史博物館 2007）。

　乾燥標本の保存で問題となるのは，シバンムシ，カツオブシムシ，チャタテムシなどの害虫やカビによる被害である。害虫とカビの発生を防ぐためには，害虫の侵入を防ぎやすい密閉性が高い収蔵庫に収納し，湿度55％，気温22℃前後を維持することが望ましい。また，収蔵庫に標本を持ち込む際には，害虫による食害跡や害虫の付着を目視で確認し，必要な場合には燻蒸，冷凍，二酸化炭素殺虫などの方法で害虫を駆除しなければならない。なお，害虫の侵入を防ぐことが難しい構造の収蔵庫では，次善の策として標本をビニール袋に入れて密閉保存するなどの対応が必要である。

乾燥標本のうち,剥製や毛皮標本などは褪色（色あせ）による劣化が生じる。褪色を防ぐには,外光を完全に遮断し,室内照明に当てる時間も最小限にする必要がある。

防虫,防カビ,遮光の条件を満たせば,乾燥標本の収納方法は,施設ごとの収蔵庫や収蔵棚の状況に応じ,管理と利用のしやすさを考慮して行えばよい。

図 3.5　鳥類の本剥製のスチールラックへの配架例
（栃木県立博物館,撮影：筆者,口絵 17 参照）

図 3.6　鳥類（ホオジロ）の仮剥製の引出しへの収納例（栃木県立博物館,撮影：筆者,口絵 18 参照）

図 3.7　大型哺乳類（カモシカ）の毛皮標本の収納例（栃木県立博物館,撮影：筆者）
毛皮標本は,洋服のように吊るした状態で縦長のスチールボックスに収納されることもある。

本剥製，仮剥製，毛皮標本は，標本ラベルを取り付け，引き出しなど遮光性のある什器に収蔵することが望ましいが，大型標本はスチールラックの棚に並べて置かれることも多い（図3.5～3.7）。

未組立の骨格標本は，紙箱やプラケース（できるだけ蓋付きのもの）に入れて保存する（図3.8）。これらの箱に標本番号などの情報を記入したラベルを貼付する。研究などで骨を箱から取り出した後に元の箱へ戻せるように，個々の骨に標本番号を記入することが望ましい（図3.9）。直接標本番号を書くことができない小さな骨などは，標本番号を記したチャック付きビニール袋にまとめて入れるなど散逸を防ぐ措置をとる。骨への標本番号の記入にはカーボンインクの万年筆を用いると安価で使いやすい。

なお，収蔵庫内の配架順序については，維管束植物のAPG体系などのような世界共通で使用される基準はなく，種によって標本の大きさも異なるため，収蔵庫や収蔵棚の大きさ，構造などに合わせて，分類順と大きさ別を併用して配架することが多い。なお，分類順配架の際の参考情報としては，哺乳類については日本哺乳類学会の「世界哺乳類標準和名リスト」（川田ほか 2021），日本産の鳥類については『日本鳥類目録』（日本鳥学会 2012），日本産の爬虫類・両生類については「日本産爬虫両生類標準和名リスト」（日本爬虫両棲類学会 2023），日本産の魚類については「日本産魚類全種目録」（本村 2024）などがある。　　　　　　　　　　　　　　　　　　　　　　　　〔林　光武〕

図 3.8　中型哺乳類（タヌキ）の骨格標本の引出しへの収納例（栃木県立博物館，撮影：筆者）手前の列の箱の蓋は外してある。

図 3.9　骨格標本（タヌキ）の個々の骨に標本番号が記入されている（栃木県立博物館収蔵標本，撮影：筆者）

トピックス　AIを活用した資料整理法のアップデート

　自然史標本および標本データは多様性研究に不可欠である。世界には約30億の自然史標本があるが，デジタル化されたものは1％に満たない（Wheeler et al. 2012）。自然史標本の整理にはラベル情報の入力作業が不可欠だが，いままでは実際の標本を見ながらデータを入力するという作業方法が一般的だった（図3.10 BEFORE）。ラベルデータの入力には，地名や学名，緯度経度情報の取得方法を習得する必要があり，経験豊富なアルバイトの方，あるいは植物や標本に詳しいボランティアの方が手入力で行っていた。実際の標本を扱うため，入力者は標本の取り扱いにも習熟する必要があった。2012年に約25万点の大型植物標本コレクションの寄贈を受けたことを契機に，標本整理の負担を極力減らすため，ラベルデータ入力自動化システムの開発に取り組んだ。

　具体的には，まず標本のデジタル画像化を行い，標本デジタル画像から**光学文字認識**（optical character recognition: OCR）という技術で画像中のラベルデータをテキストとして自動抽出し，抽出したテキストをデータベース（DB）に入力するという方法を考案した（図3.10 AFTER；高野ほか 2020）。はじめに，特段の撮影技術をもたないアルバイトの方でも一定の画質で標本が撮影できる装置を開発した（Takano et al. 2019）。手書き

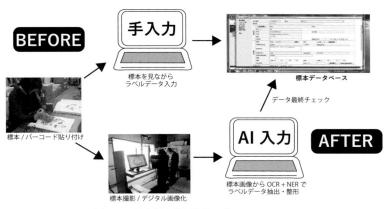

図3.10　植物標本整理作業のビフォーアフター

文字の OCR 抽出は現状困難だが，プリンタ印字のラベルの識字率は 80%
前後とまずまずの値であった。実物標本を見ながら入力作業を行うには入力
用 PC と標本を広げる場所が必要になり，標本を収蔵庫から出し入れする作
業も発生するが，標本画像の利用により作業スペースや標本を触る作業は不
要になった。これでデータ入力の速度は約 2 倍になった。さらに OCR 入力
システムはブラウザベースで開発したため，ネットワーク環境があればどこ
からでもラベル情報の入力が可能になり，入力者が博物館に居る必要もなく
なった。2020 年初頭から始まったコロナ禍では多くの博物館で在宅勤務を
余儀なくされたが，兵庫県立人と自然の博物館（ひとはく）では本システム
を利用して在宅勤務でもラベルデータ入力作業が継続できた。

　しかし OCR 抽出データは「テキストのかたまり」として出力されるため，
DB 化にはそれらを採集地，採集日，採集者名，植物名などに構造化する必
要があり，その作業は人力に頼っていた。そこでさらなる自動化を図るため，
OCR に加えて**固有表現抽出**（named entity recognition: NER）という
手法によりテキスト抽出から構造化までを自動化することを試みた。はじめ
に，自然言語処理 AI に植物ラベルのどこに何の情報が載っているかを学習
させた。標本ラベルは採集者により少しずつ形式が異なるため，ラベルの多
様性を網羅するためテンプレートを 970 点作成し，教師データおよびテス
トデータとして使用した。さらに 4000 件ほど各項目のデータをランダムに
作成させたサンプリングデータを準備し，教師データおよびテストデータと
して使用した。3 種類の自然言語処理 AI を試した結果，多少正答率は下が
るが標準的な PC で動作する SpaCy が最も汎用性が高いと判断し，以降の
開発は SpaCy で行いラベルデータ自動抽出・DB 作成システムが完成した
（Takano et al. 2024）。開発したシステムは現状ひとはく収蔵の植物標本
ラベルの読み取りに特化しているが，開発手順が確立したため，他の博物館
でも，あるいは昆虫標本など他分野の標本ラベルの読み取りにも，同様の方
法で自館のコレクションにマッチしたラベルデータ自動入力システムが開発
可能である。

〔高野温子〕

■ **参考動画**：アプリの使用イメージ動画
HitohakuSampleMovie audio（https://youtu.be/2jt_GMUqrWQ）

4

自然史資料の保存

　整理の終わった標本は，長期保存に適した状態を保った収蔵庫で永続的に保管する。理想は標本の種類ごとに収蔵庫があることだが，実際は同じ特性をもつ標本は同じ収蔵庫にまとめて収蔵されることが多い。本章では様々な自然史資料を収蔵庫でどのように整理・保存するのかを概観し，永続的な標本管理の手法について述べる。

4.1　地学系資料

　岩石，鉱物，化石などの地学系資料は直射日光の当たらない温度，湿度が管理された収蔵庫で保存する。温湿管理が不十分であると岩塩や銅鉱物などは空気中の水分と反応して融解・変質し，化石を含む堆積岩では風化や破砕が進んで母岩とともに化石が崩壊するなど，標本の損傷につながる。堆積物やボーリングコアは冷蔵保存が最適であるが，経費の関係で岩石，鉱物などの資料と同室で保存されることが一般的である。

　地学系資料は標本の大きさが著しく異なり，収蔵庫内での配置に工夫がいる。岩石，鉱物，化石で径 50 cm を超える大型標本は床置きして保管する。重量 50 kg を超える標本は床にパレットを置き，その上に保管するとよい。床置き標本は他の標本の出し入れを妨げない場所か，別室で保管する。径 10〜50 cm の標本は，産地や岩石種，鉱物種ごとにまとめてコンテナに入れ，スチール棚に保管する（図 4.1）。深さや縦横の幅が異なる多種類のコンテナを標本の大きさに合わせて使い分ける。スチール棚の各段の高さとコンテナの組み合わせを

4章 自然史資料の保存

図 4.1 岩石種ごとにコンテナにまとめスチール棚に保管された岩石標本（撮影：筆者）

調整してより多くの標本を収納する。下段ほど大きく重いコンテナを置くのが基本である。コンテナ側面には収納標本の試料番号や標本名を記したラベルを貼る。スチール棚に地震時のコンテナの落下を防ぐ止め具やゴム製ベルトを設置することも忘れない。タイプ標本などの重要な資料は施錠できるスチール製や木製のキャビネットか，金庫に保管することもある。径 10 cm 未満の鉱物標本は多数の引き出しを有するスチール製キャビネットに保管する（図 4.2）。キャビネットにはケース全体を施錠できるものや，引き出しを覆う鍵付き扉がある二重構造のものがあり，地震対策も兼ねている。類似のキャビネットは岩石や化石などの小型標本の収納にも役立つ。

　岩石，鉱物，化石の標本には，マジックペンなどで資料番号を書く。修正液などで白地をつくり，そこに資料番号を書くことも多い。さらに資料情報を読み取れるバーコードなどを貼る場合もある。径 1 cm 以下の小型標本はプラスチックケースやサンプル袋に入れ，袋やケースに資料番号を書き，バーコードなどを貼る。径 20 cm 未満の標本はラベルとともに紙箱に入れ，コンテナやキャビネットケースに収納する（図 4.2）。より大型の標本は，新聞紙，エアキャップ，綿布団などの緩衝材で保護し，ラベルとともにコンテナに収める。展示用に作成した標本ラベルも一緒に保管する。標本の保管方法やラベル作成の詳細は松浦（2014, p.250）を参照されたい。

　テフラなどの堆積物はガラスやプラスチック製の管瓶，もしくはサンプル袋に保存し，瓶や袋に資料番号や最低限の情報（採取日，採取地，採取者，種類

図 4.2 スチール製キャビネットのケース内に保管された小型の鉱物標本（撮影：筆者）

名）を記入してコンテナにまとめ，スチール棚に保管する。テフラの洗浄・篩分け済標本などの二次資料もあわせて保管すると，紛失を防ぐだけでなく再利用にも便利である。キシレンで希釈したバルサムが使用された岩石薄片やテフラ，微化石の封入薄片を立てて保管すると，重力で接着剤や封入剤が流れるか，封入剤中の粒子が下方へ移動することがある。希釈しないバルサムやそれ以外の接着剤を用いた薄片ではこれらの現象がほとんど生じないので，縦置きの薄片箱に入れてキャビネットケースに収納しても問題はない。微化石の封入標本は上記の問題が生じるため，平置きできる専用キャビネットケースに収納する。

　剝ぎ取り標本は平たく面積が大きいため保管場所の確保が難しく，展示利用が最良である。収蔵庫で保管する場合はエアキャップなどの緩衝材で保護し，スチール棚最上段に置くか，移動棚などと収蔵庫壁面の間の隙間を利用し，壁面に立てかけて保管するなど工夫する。展示などの際に剝がれ落ちた粒子はサンプル袋に保存し修復に使用する。剝ぎ取り標本作製時に土層サンプルを修復用に採取しておいてもよい。展示用の解説パネルや標本ラベルも剝ぎ取り標本とともに保管する。ボーリングコアやコアから採取した二次資料の保管・活用は加藤・小林（1997）に詳しい。貴重なボーリングコアの大半は研究用に採取されるので，縦に半割した長さ1m弱の塩化ビニール製パイプに1m長のコアを載せてコア箱に収める仕様で掘削計画を立ててもらう。保存用ボーリングコアは，パイプに載せたコアを細いステンレス線やコアカッターで縦方向に半割し，半割面を整形した後にパイプごとラップで二重に包み，コアの深度と上下方向をマジックで記入してからコア箱に収めスチール棚に保管する。50 cm

図 4.3 50 cm 長に二分してコンテナに収納した半割ボーリングコア（撮影：筆者）

長に二分したコアを同様に処理して浅いコンテナに収めて保管すると収蔵スペースを大幅に削減できる（図 4.3）。収蔵後もコアの状況を確認し，カビの除去や水分の補給，ラップやコア箱の交換などを適宜行う．研究で再利用されてコアが完全に消失しないよう管理することも重要である．〔加藤茂弘〕

4.2　生物系の乾燥標本

　昆虫や植物，鳥類や哺乳類の本剥製・仮剥製など，乾燥標本はそれ自体が有機物である．温度や湿度の変化は標本の膨張や収縮をもたらし劣化を進行させるため，空調など適切な設備を整えて恒温恒湿環境を維持することが必要である．また光の照射，特に紫外線のようなエネルギーの大きい短波長光，熱をもつ赤外成分は標本にダメージを与えるため，収蔵庫内で照明をつけるのは作業者がいるときのみとし，可視光のみを含む LED 照明を使用する．

　乾燥標本は，**標本害虫**と呼ばれる昆虫（カツオブシムシ，ヒョウホンムシ，シミ，チャタテムシなどの仲間）や節足動物（ダニなど）やカビの害を受けやすい．1990 年代より以前は定期的に収蔵庫全体を燻蒸する博物館が多かったが，大量の燻蒸薬剤を投入し，使用後は少なくとも一部を大気中に放出することになるため周辺環境への影響が懸念されるようになった．2001 年に文化庁が IPM（integrated pest management，総合害虫防除）を前提とした「文化財の生物被害防止に関する日常管理の手引」を発出し，代表的な博物館の燻蒸

薬剤であった臭化メチルが 2005 年に使用を禁止されたことから，定期燻蒸を取りやめ IPM による資料管理を行う博物館，美術館が増えてきた。自然史系博物館においても IPM に則って，収蔵庫内に虫やカビをなるべく持ち込まない，持ち込ませない，というポリシーで資料管理を行っている（具体例は本章トピックス「人と自然の博物館における IPM の実践」参照）。

　昆虫標本の場合，ドイツ型標本箱に収納されていれば食害の恐れは少ないが，湿度の高い状態が続くと箱内部でカビが発生する恐れは残る。植物標本や動物の剝製は，通常棚の中では剝き出しの状態である。カビはもとよりいずれの標本害虫も体長数 mm 前後と小さいので，気づかないうちに食害が進行し，ある日ボロボロになった標本を見て愕然とする，といった事態が起こりうる。フェロモントラップや歩行性昆虫用トラップを標本棚の中を含めた収蔵庫内各所にしかけ，定期的に回収を行って庫内での害虫発生状況をチェック・確認することが重要である。カビ胞子や標本害虫の収蔵庫への侵入は，入口を二重扉にする，前室を設置する，入室時に外靴を上履きやスリッパに履き替えるなどの工夫である程度防ぐことができる。しかし収蔵庫内の吸気ダクトや各種点検口から，あるいは収蔵庫内に立ち入る人間に付随しても侵入するため，完全に排除することは困難である。

　そのためカビや害虫を収蔵庫内で増殖させない工夫も必要である。具体的には，室温が 20℃ を超えると標本害虫の卵の孵化率や繁殖行動率が上昇するため（Strang 1992），収蔵庫内の気温は 20℃ 以下の恒温に保つことが望ましい。カビ対策については，種類によって生育に適した湿度条件は異なるので一概に湿度が低い方がよいというわけではない（恒湿環境は標本の膨張収縮を避けるために必要である）。カビの胞子が器物に付着し発根すると根絶が非常に困難になるので，標本周辺の空気が滞留しないよう，サーキュレータや換気扇などを活用して収蔵庫内の空気を常に動かし続けることが大切である。〔高野温子〕

4.3　液浸標本

　2，3 章でみてきたように，液浸標本は，昆虫などの無脊椎動物，魚類など

の脊椎動物のほか，植物や蘚苔類など，多岐にわたる分類群で作製される。主たる保存液がエタノールなどの可燃性物質のため（ホルマリンは可燃性ではないが，水溶液が高温に熱せられるとメタノールなどの可燃性ガスを発生する恐れがある），液浸標本を保存する部屋には特殊な防火設備が必要になる（詳細は9章を参照）。そのため生物群ごとに液浸収蔵庫を用意するのは現実的ではなく，1つの液浸収蔵庫に様々な分類群の液浸標本が収蔵されることになる。液浸標本の配架システムは博物館によって違いがあるものの，門や綱など大きな生物のグループ順に分けて配列し，その生物群の担当学芸員が乾燥標本とあわせて液浸標本も管理していることが多い。そのため液浸収蔵庫には多くの学芸員が出入りして担当標本の管理を行うことになるが，標本の保存液は各分野共通なので，共同で使用・保管しておく方が効率がよい。そこで標本管理の担当とは別に，試薬の管理や収蔵庫内のスペース配分の検討を行う液浸収蔵庫の管理者をあらかじめ決めておく。液浸標本は近縁な分類群ごとにまとめてコンテナに入れ，棚に置くことになるが（図4.4），後述する標本の定期的なチェックのため，コンテナを置く量は棚の半分程度にしておくのが望ましい。それ以上増えると定期的な標本管理作業に支障をきたす。地震対策のため，各棚には落下防止用のバーを設置する。

　液浸標本は虫害の恐れはないが，収蔵庫の温湿度は一定に保つことが望ましい。室温の変動が大きいと保存液の蒸気圧も変動するため，容器の蓋の劣化を早める恐れがある。また，液体の入った容器は比熱が大きいため，状況によっては室温の変動に伴って容器表面が結露することもある。古い標本では容器外面にラベルが貼られていることがあるが，結露はこれらに悪影響である。液浸標本は定期的な保存液のチェックが欠かせない（図4.5）。明らかに液が減少している，濁っているなどの異変がないかを確認し，液を足す，あるいは入れ替えるなどの措置を行う。保存液が減っているということは容器の蓋の劣化が疑われるため，劣化の場合は同時に蓋を（または容器ごと）交換する。保存液の追加や入れ替えの作業時には，揮発性と毒性のある液体を扱うことになるので，あらかじめ白衣を着用し，手袋やマスク，ゴーグルなどを使用して身体を適切に防護する。また廃棄液は下水に流さず，廃液用ポリタンクを準備してそれにためておき，専門業者に処理を依頼する。点検の際は，ラベルの文字が消えか

トピックス　人と自然の博物館における IPM の実践　　　　　　　　　69

図 4.4　液浸標本の保管棚（撮影：石田　惣）

図 4.5　保存液が完全に蒸発してしまった例（撮影：石田　惣）
写真はナマコ類。

かっていないかも確認し，劣化している場合は情報を転写した新しいラベルを作成し追加しておく。液浸標本の容器は，コンテナから取り出さなくても標本の中身がわかるよう蓋に標本情報を書くことも多いが，上述のように蓋は後々交換される可能性があることに留意すべきである。　　　　〔石田　惣・高野温子〕

トピックス　**人と自然の博物館における IPM の実践**

　兵庫県立人と自然の博物館（ひとはく）における IPM の取り組みについて紹介する。ひとはくでは，2001 年の「文化財の生物被害防止に関する日常管理の手引」を文化庁が発出したことを契機に館内で議論が始まり，環境への影響も考慮して，それまで毎年実施していた生物系収蔵庫の定期燻蒸を取りやめ，IPM による資料管理を行うことになった。
　IPM の大原則は「害虫やカビを持ち込まない，持ち込ませない」である。害虫やカビの持ち込みを減らすため，生物系収蔵庫へ資料を持ち込む際には必ず薬剤燻蒸，あるいはディープフリーザーによる冷凍燻蒸を経ることとし，未燻蒸資料の持ち込みを禁止している。また収蔵庫内は飲食禁止とし，バッ

図 4.6 収蔵庫入口の粘着トラップ（足元部分）　**図 4.7** 収蔵庫内に設置した自記温湿度記録計

クヤードツアーなど団体での収蔵庫入庫は1回につき最大15名までという制限を設けている。生物系収蔵庫への入庫は外靴で可としているが、入口に粘着マットを設置して靴裏の汚れを落としている（図4.6）。その他害虫・カビの発生しにくい環境づくりとして、自記温湿度記録計を用いて収蔵庫の温湿度管理（20°C、湿度60%以下）を行っている（図4.7）。

　次に「定期的なカビ・害虫のモニタリング」「収蔵環境の清浄性を保つ」である。標本害虫のモニタリングは、タバコシバンムシ、ジンサンシバンムシのフェロモントラップ、歩行性昆虫トラップを収蔵庫内の各所および収蔵庫の入口付近に設置し、1、2か月ごとに交換・回収し、各トラップにかかった動物（昆虫とは限らない）の確認を行っている。館内の昆虫研究者に同定を依頼し、かかった動物の種類と頭数は都度記録している。例年6月から10月にかけ、収蔵庫入口付近の廊下に設置したフェロモントラップにタバコシバンムシがかかる。収蔵庫内で見つかることは基本ないが、見つかる場合は廊下と同様6～10月の時期で、一番多く虫が見つかるのは入口付近に設置したトラップであり、人間の出入りに付随して侵入していると考えられる。カビ類の調査は専門業者に委託する必要があるため、通常は害虫トラップの回収時に設置場所周辺を目視で異常がないかを確認するにとどめている。しかし、専門業者による収蔵庫内のカビおよび害虫調査は、自館の収蔵庫環境を客観的に把握し適切な管理と対策を考えるために非常に有効である。一度は実施するとよい。収蔵環境の清浄性は、収蔵庫内に業務用掃除機を設置し、館員が定期的に清掃を実施することで実現している。ひとはくの収蔵庫で一番発生頻度が高いのはチャタテムシの類なので、餌となる埃をなるべく庫内に放置しないことが重要と考えている。

　収蔵庫内で害虫の発生が認められた場合は、被害状況と害虫発生範囲をま

ず把握する。局所的な発生にとどまっていれば，大型のシートなどで発生場所を覆いバルサンなどの燻煙剤で処置する場合もある。同時多発的に害虫の発生が確認された場合，発生した量が多い場合は，速やかに収蔵庫全体を燻蒸する。最近は予算面と，収蔵庫の中で「いま」生きている虫を死滅するのが目的であることから，ミスト剤を用いた簡易燻蒸を実施している。ただミスト燻蒸は文字通り霧状の薬剤を噴霧するにすぎず，ガス燻蒸実施時のように収蔵棚の奥まで薬剤が浸透することは期待できない。燻蒸効果を高めるため，収蔵庫の棚扉を開く，コンパクタの棚を等間隔に配置してすべての引き出しを開けるなどの前処理が必要である。　　　　　　　　　　〔高野温子〕

5

自然史資料を見せる

　博物館事業で最もわかりやすいのは企画展などの展示やセミナーを開催することであり，自然史博物館では様々な標本を用いることが多くなる。しかし特に生物標本は，活用することで劣化する。本章では，自然史資料や標本を，劣化を最小限に抑えつつ展示やセミナー，アウトリーチ事業に活用する方法について述べる。

5.1　展　　　示

　標本は動かず，かつ，近寄って細部まで見ることができるため，展示などにおける標本の観察は，フィールドでの生体観察にはないメリットがある。しかしながら，標本の保存と活用の度合は基本的に両立できないものであり，展示などでの活用にあたっては様々な**劣化リスク**を考慮する必要がある。例えば展示室では収蔵庫とは異なり常に光にさらされる。展示用の照明としてはハロゲン電球や蛍光灯に代わって紫外線をほとんど出さないLED照明器具が普及してきたものの，可視光線も長い目で見れば**褪色**など劣化の原因となる。このため博物館では，収蔵資料として登録した上で恒久的に保存されるべき標本とは別に，消耗的な使い方や将来的に廃棄する可能性も想定した展示・教育普及用の標本を用意する場合も多い。本節では，そのような**「見せる」ための標本**，すなわち常設展・企画展を含めた展示用の標本（レプリカを含む）の研究用標本との関係，展示に用いる際の留意点などについて述べる。

5.1.1 生物標本

□**哺乳類，鳥類，爬虫類**　哺乳類，鳥類の研究に用いられるのは主に仮剝製および毛皮標本だが，**本剝製**を主体に所蔵する博物館も多いであろう．歴史的に貴重な標本など，展示の文脈によっては仮剝製を用いることもありうるが，多くの場合，展示に用いるのは生きている姿をほぼそのままの見た目でとどめることができる本剝製である．剝製は一見耐久性が高そうだが，長期間の光への曝露により毛や羽毛などが褪色し（図5.1），例えばシカなどは刺し毛が脆くなり折れやすくなるなど，展示に伴う劣化は避けられない．数日間から数か月間と期間が限定された企画展の場合はあまり問題にならないが，長期間にわたって展示し続けることが前提の常設展の場合は，入手可能な種であれば収蔵資料として保存する標本とは別に展示用の標本を調達する方が望ましい．あるいは，可能であれば定期的に標本を交換することで特定個体の劣化を防ぐようにする．**ジオラマ**などにおいて生態を再現した形で本剝製を展示する場合は場面に合わせたポーズで製作する必要があるが，既存の剝製を加工してポーズを変更することも可能である（図5.2）．

小型の哺乳類や爬虫類に関しては**凍結乾燥標本**でも外形をとどめることができ，展示にも適している．しかしながら剝製と違い内臓が残っているため，カ

図 5.1　長期間の常設展示により褪色したタヌキの剝製（北九州市立自然史・歴史博物館 自然発見館，撮影：真鍋　徹，口絵19参照）
左は16年間展示された個体（主な照明はケース内のスリム蛍光管），右は製作から間もない個体．展示標本の入替時に撮影．

図 5.2 サケを捕まえているヒグマ幼獣の剥製（北海道博物館常設展）
展示改訂の際に収蔵庫内にあった既存の剥製を用い，サケを捕獲している状態にポーズを修正したもの。サケはFRP製のレプリカ。

ビや虫害のリスクがより大きいことには注意すべきである。

□**両生類，魚類**　かつては研究用と同じく展示にも**液浸標本**が用いられてきたが，脱色され全身が白っぽくなることから体色に関わる情報は伝えられず，また，見た目にもよい印象を与えないため，近年は敬遠される傾向にある。展示用としては大型魚類では剥製もしばしば用いられるが，この場合も色は残らないため製作時に色を補うのが普通である（図5.3）。

小型の魚類および両生類では皮が薄いため剥製の製作が難しいこともあり，展示用には**レプリカ**が使われることが多い。実物から型をとり適切に塗色したレプリカは，むしろ液浸標本より生きている姿のイメージを伝えることができる（図5.4）。この場合は博物館で自作することは難しく，専門業者に外注する館が多いと思われる。近年では**樹脂含浸標本，樹脂封入標本**なども普及している。こちらも外注する場合が多いと思われるが，設備やノウハウを取得して自製する場合もある。

□**昆虫**　研究用，コレクション用と同じ乾燥標本を展示にも活用することができる。針刺し標本をドイツ型標本箱に入れたまま展示することで湿気によるカビの発生や害虫，埃の侵入を防ぐことができ，他の生物標本と比べて取り扱いが簡便になる。ただし照明との位置関係によっては照明がガラス面に反射し

5.1 展　　　示

図 5.3　ダウリアチョウザメの剥製（北海道博物館所蔵）
魚の剥製は製作者の技術による仕上がりの差が大きい．塗料やコーティングにより体表の質感が実物と大きく変わってしまう場合も多いが，この剥製は塗色ではなく染色技法を用いることで自然な質感を再現している．

図 5.4　サケ科魚類の展示（北海道博物館特別展「あっちこっち湿地」．釧路市立博物館，サケのふるさと 千歳水族館ほか所蔵）
剥製とレプリカが混在しているが，見た目ではほとんど区別がつかない．

図 5.5　昆虫標本のドイツ型標本箱を垂直に設置した展示（北海道博物館企画テーマ展「野幌森林公園いきもの図鑑」）

標本が見えにくくなるため，設置角度には注意を払う必要がある．最近はガラスの映り込みを軽減する特殊なフィルムを貼った製品もあり，非常に有効である．ドイツ型標本箱は水平を保って扱うのが基本であるが，展示の際には垂直に設置することも可能であり，より多くを並べることができる（図5.5）．

　バッタ目の緑色やチョウ目の翅の模様など，分類群によっては光により褪色するため，常設展の場合は展示用の標本を別に用意すべきである．また，褪色しやすい分類群に関しては，展示時の照明の照度を低めにすることが望ましい．

UV カットフィルムをガラスに貼ったドイツ型標本箱を用いることも褪色を極力防ぐために効果的である。

　一般に昆虫標本の展足，展翅の際には，脚を見た目が美しくかつ保存時にできるだけ場所をとらないような向きに揃える，同定に必要な部位が隠れないようにする，翅を前翅，後翅とも全面が見えるように広げるなどの理由により，分類群ごとにおおむね決まったパターンがある。いずれも研究者やコレクターの都合に合わせたものであり，必ずしも生きている状態の自然な姿勢を再現しているわけではないことには注意が必要である。このため，ジオラマの中での展示など，その種の生態を再現した形で展示する場合には，場面に合わせて脚や翅などの向きを決める必要がある。

　体のやわらかい幼虫などについては，凍結乾燥標本やそれをさらに加工した樹脂封入標本も展示用の標本として用いられる。

□植物　　さく葉標本は一般に色の保存ができず，花の色，葉や茎の緑色とも褪色してしまう。標本完成時点ですでに褪色しているものからしばらくは色を保つものまで分類群により差があるが，いずれにしても数年も経てば花の色は消え，葉や茎も褐色や黒色に変化するのが普通である。この変化は暗所で保存した場合でも避けられないため，逆にいえば研究用の標本を展示に用いても保存上のリスクはあまり増加しない。さく葉標本は水平を保って扱うのが基本であるが，アクリルフレームなどに入れれば垂直な壁面に展示することも可能であり，その方がより多くを並べることができる。

　ただし，さく葉標本には，色が残らないだけでなく，そもそも平面状に押しつぶしたものであることから，魚類などの液浸標本以上に生きている姿を想像しにくいという大きな欠点がある。このため「見せる」目的に向いているとは決していえない。生時の姿をイメージできるようにするため生態写真を同時に展示することも多い（図5.6）。

　生きている状態そのままに立体的な形態や色を見せることができる標本として，樹脂封入標本がしばしば用いられる（図5.7）。現在では技術も進歩し，相当に繊細な植物でも形を保つことが可能である。ただし，普及してまだ日が浅いため，数十年，100年の単位で色が保たれるのかはまだ判断できない。さらに簡便な方法として，粉末状のシリカゲルに包埋して短時間で水分を除去する

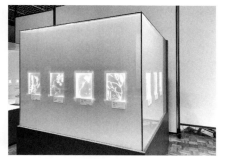

図 5.6 さく葉標本の展示（北海道博物館特別展「あっちこっち湿地」。北海道大学総合博物館所蔵，写真提供：札幌開発建設部江別河川事務所）
和名の由来を紹介するという趣旨のため命名された時代（明治・大正期）のさく葉標本を用いたが，カラーの生態写真も併用している。

図 5.7 水草の樹脂封入標本の展示（北海道博物館特別展「あっちこっち湿地」。札幌市博物館活動センター所蔵）
脆弱な水生植物も樹脂封入により立体的な形とともに緑色を保てる。この展示では，LED テープライトを巡らせて側面から照明することで，樹脂表面の反射がなく細部が見やすいようにしている。

ことにより立体的な外形や色を残したまま標本にする加工法も考案されているが，花弁が薄くて繊細な花などはどうしても萎れてしまい形を保つのは難しい。また，いずれにしても年数が経てば褪色が進むと思われるため，常設展ではなく企画展など一時的な用途に向いた方法と考えた方がよいだろう。

　専門業者に外注することになるが，展示にはレプリカも多用される。かつての植物のレプリカは布などでつくられておりリアルさに欠けていたが，近年では実物の植物から型取りしてつくられ，技術も向上し，実物と見分けがつかないほど精巧なものがある。ジオラマの中では，木本の幹，枝やササ類の稈など乾燥しても立体的な形を保てるものは実物，葉，花や草本などはレプリカというように，両者を使い分けて組み合わせることもある。

　小さな草本やコケ植物などに関しては，実物より数倍に拡大した模型を用いることで細部の構造などをわかりやすく伝えることができる。

5.1.2　地学標本

□**岩石，鉱物，化石など**　　生物標本に比べれば展示に伴う褪色，劣化などのリスクが少ないため，研究用標本をそのまま常設展に用いることも多い。それでも酸化や空気中の水分との化学反応を生じる鉱物もあるため，場合によって

は別に展示用標本を用意することが必要となる。生物標本と異なり岩石，鉱物などは1つの塊を分割しても標本として成り立つ場合が多いため，一部を展示用として確保するという方法もある。

□**大型脊椎動物化石**　恐竜や大型哺乳類など大型脊椎動物化石の全身骨格を組み立てたもの(**交連骨格標本**)はしばしば自然史系博物館の目玉展示物となっているが，これらは実物から型取りしてFRP（繊維強化プラスチック）などでつくられたレプリカであることが多い。その理由としては，まず，多くの場合発見される骨は一部のみであり，全身の骨が揃い状態のよい個体は数が著しく少ないことが挙げられる。一方でレプリカなら同じ型から複数製作できるため，全身の揃った標本を多くの博物館で展示することができる。このため，状態のよい個体のレプリカが製作され，販売されるマーケットが確立されているのである。ただし欠損部分は他の個体由来の標本を参考に補われる場合もあり，1体のレプリカの個々の骨の由来については様々なケースがある。また，実物標本を交連状態とするためには骨を支えるための鉄製フレームを外側に這わせる必要があるが，実物は石化して重量があるため強度のある太い鋼材が必要となり，展示としてはややスマート感に欠けたものになる場合が多い。その点レプリカははるかに軽量であり，かつ，鉄芯を骨の中に通すことができ，様々な

図5.8　ナウマンゾウの全身骨格レプリカ（北海道博物館常設展）
交連全身骨格のレプリカの下には肩甲骨など一部の骨の実物標本も展示しているが，保存処理のため含浸させた樹脂の劣化リスクもあることから，展示部位を定期的に交換している。

ポージングもしやすいという利点がある。そもそも発見される数が少ない大型動物の実物標本は貴重であるため，研究用標本として収蔵庫で保管されることが多い。

　一例として，日本ではナウマンゾウ化石は全国の多くの場所で発見されているが，ほとんどの場合見つかるのは歯や牙などごく一部のみである。その中で，北海道の忠類村（現・幕別町忠類）で 1969 年に発見された個体はほぼ全身（全体の約 8 割）の骨が見つかった数少ない例であり，全身復元骨格のレプリカが国内外の 22 の博物館に展示されている。実物は組み立てられずに収蔵庫で保管されているほか，一部は入れ替えながら展示されている（図 5.8）。

　近年では 3D データと 3D プリンターを用いたレプリカも普及し始めている。

〔水島未記〕

5.2　アウトリーチ

　学校などに出かけて行う出張授業，自館以外の場所で展示を行う移動博物館，公共施設や商業施設などを会場に単独であるいは複数の博物館が参加して行う普及イベントなど，博物館が自らの施設以外の場所で標本を活用して参加者に何かを伝える活動を，ここではまとめてアウトリーチ（活動）と呼んでおく。アウトリーチ活動においては，標本を取り巻く環境に関して博物館内とは異なる部分が多く，**褪色**などの**劣化リスク**に加えて別のリスクについても配慮が必要である。

　まず，必ず標本の搬送を伴い，また，博物館以外の環境で開梱，設営などを行うことになるため，移動やハンドリングに伴う**破損リスク**が加わる。また，博物館の展示室ではガラスケース内に展示するなど観覧者の接触を防ぐ対策がとられているのが普通であるのに対して，より簡易な設備（汎用のテーブルなど）を用い，利用者が容易にアクセスできるような形で標本が置かれる場合が多い。加えて，学芸スタッフが標本を使って教育プログラムを実施したり，利用者がより近くで標本を観察したり，さらには直接手で触れて体験できる展示（**ハンズオン**）を導入するなど，博物館内での展示と比較して標本のより高度

な活用がなされる場合が多いという違いもある。特にハンズオンの場合は触ることが前提であるため，標本の破損や摩耗などの**物理的なリスク**はいっそう高くなる。

　様々な対策によりこれらリスクを少しでも下げるよう努めるべきなのは当然ではあるが，一方ではどれほど注意していても利用者による標本への不作為の接触はありうること，ハンズオンの場合でも博物館側が意図していない扱い方をされる場合があるということを常に予想し，一定の確率で破損が起こることは事前に覚悟しておく必要がある。したがって，アウトリーチ活動に用いる標本としては，展示用とはさらに別の，専用の標本を用意することが理想的であり，万が一の破損の際には取り替えがきくものを選ぶべきだろう。

5.2.1　生物標本

　哺乳類，爬虫類の剝製は搬送などによる破損リスクは比較的小さく，稀少種を除けば展示用と同じ標本をアウトリーチに用いてもさほど問題はないだろう。また，そのままハンズオン教材として用いることもできる。ただし，同じ箇所を繰り返し触られた場合には，はげる，皮膚が**摩耗**するなどの劣化が避けられないため注意が必要である。

　一方で鳥類の剝製は，羽毛が哺乳類の毛と比べて圧力や衝撃に弱く，また，脚が細く華奢なため哺乳類に比べて搬送時やハンドリング時の破損防止対策がより重要となる。慣れた学芸スタッフが扱う分には問題はないが，適切な持ち方や力の加減がわからない人に触らせることはリスクが大きく，ハンズオン目的での使用は避けた方が無難である。

　アウトリーチ用の教材としては，**毛皮標本**や**骨格標本**もよく用いられる。毛皮標本は，毛の太さや長さ，柔軟性など毛質の違いが分類群や種によって大きく異なることを，見た目以上に触感で理解することができるため，ハンズオン向きの素材である。骨格標本からは，食べ物による頭骨と歯や嘴の形の違い，移動方法による四肢や指の骨の違いなど，それぞれの分類群や種の生態が形態を決めていることが明確に見て取れるため，生物の進化についてわかりやすく伝えることができる格好の教材となる（図5.9）。比較的丈夫なためハンズオンにも使いやすいものの，落下などによる破損リスクもある。骨の場合はレプリ

5.2 アウトリーチ

図 5.9 アウトリーチイベントでの骨格標本の活用（CISE サイエンス・フェスティバル，いしかり砂丘の風資料館のブース）

カでも質感は実物とあまり変わらず，より破損しにくいため，頭骨などのレプリカもハンズオンにはしばしば用いられる．

液浸標本は搬送が困難であり，容器の破損というリスクもあるため，アウトリーチ用には不適である．両生類，魚類に関しては，アウトリーチに用いるのは自ずと剝製または**レプリカ**となるだろう．

近年は生物のレプリカ，模型として布製のものもみられる．布製であれば破損のリスクが小さく扱いやすいため，ハンズオン教材にも好適である．内臓などの内部構造も再現し，分解可能な製品もある．既製品の**ぬいぐるみ**も，近年ではそれぞれの生物種の特徴を捉えた上質な製品が動物園や水族館のミュージアムショップなどで多く流通している．これら布製模型やぬいぐるみは，外形は多少なりともデフォルメされており型取りによるリアルなレプリカのようには細かな形態は再現できない，手触りなどの質感が実物と大きく異なるなどの限界があるものの，その生物の大まかな外見や形態の特徴などを伝えるためには十分に役立つ．一般に，生物の実物，特に魚や両生類などの「ヌメヌメした生き物」については，触ることはもとより，近くで見ることにも嫌悪感を抱く層がある程度の割合で存在する．そういう人たちであっても，ふわふわした柔らかい布でつくられた物であれば抵抗なく受け入れ，触れたり持ったりすることができる．実物標本の役割をすべて代替できるものではないが，ぬいぐるみはそういった層に対しても惹きつける力をもち，生物に関心をもってもらうた

めの「入口」として有効である（水島・堀 2016）。アウトリーチ用，ハンズオン用のツールとしての可能性は非常に大きいと考えられる（図5.10）。

　昆虫標本はドイツ型標本箱に入れたまま搬送・展示することでアウトリーチにも活用しやすい。ただし小型の昆虫標本は見た目以上に脆く，衝撃で脚が脱落するなどの可能性もあるため，扱いには細心の注意が必要である。また，昆虫標本はむき出しの状態では破損リスクが非常に大きく，ハンズオン用には不向きである。樹脂封入標本であればその心配はなく，加えて，通常の展示方法では見ることができない腹面なども観察することができるため，ハンズオン用にも最適である。

　植物の**さく葉標本**については，イネ科など丈夫な分類群もあるが，分類群や種によっては繊細で脆く，搬送やハンドリングの際に破損する可能性がある。硬質の樹脂板で挟んで搬送し，そのまま使用することで破損のリスクはかなり減らせる。A3判用のアクリル製ポスターフレームが標準的なさく葉標本にちょうど合うサイズで使いやすい。アウトリーチ専用と割り切るのであれば，ラミネート加工により封入・固定するのが，コストもかからず，安全に扱えるようにする好適な手段である。ただし厚みのある標本の場合は難しい。展示に用いる植物のレプリカは繊細で壊れやすいため，アウトリーチ用には向かない。樹

図 5.10　　サケの布製レプリカ（北海道博物館所蔵）実物と同じ大きさと重さ（オスで5 kg）で製作した特注品。重量を体感することで，サケがいかに多くの海の栄養を森に運ぶ役割を果たしているかを実感することができるハンズオン教材。

脂封入標本であれば手荒に扱っても破損の心配はなく，立体的な姿を様々な向きから観察することができるため，アウトリーチ用に最適である。また，種子標本や材鑑標本など，乾燥状態で保存可能な部分標本も，アウトリーチに用いやすい。

5.2.2 地学標本

　岩石，鉱物などの標本は多くの場合破損リスクは低く，展示に準じて，アウトリーチ用にも同じ標本をそのまま用いることができる。手で触れても問題はなく，ハンズオン教材として利用可能な標本も多い。化石に関しても，殻や骨などの硬質部をもつ個体や部分，鉱化した木（珪化木など）などは堅固なため，ハンズオン教材として用いられることも多い。しかし，いずれも長期の利用では摩耗などの劣化もあり，ハンズオン専用の標本を用意することが望ましい。

　貝化石など，消耗的な使い方ができるほどの量が用意できるものであれば，母岩から化石を掘り出す，あるいはクリーニングする体験など，より積極的なハンズオン・プログラムへの活用も考えられる（図 5.11）。

　大型脊椎動物の化石の場合は，実物は重量があるがレプリカははるかに軽量なため，アウトリーチ用にも向いている。とはいえ大型の恐竜などの場合は保管や活用に相応のスペースが必要であり，搬送や組み立てなどに必要なコスト

図 5.11　アウトリーチイベントでの化石を用いたハンズオン（2023 サイエンスパーク，北海道博物館のブース。撮影：圓谷昂史）
砂の中から貝化石を探す体験。

が比較的大きくなる。扱いやすいように実物の 1/2 などに縮小したレプリカが
製作される場合もある。　　　　　　　　　　　　　　　　　　〔水島未記〕

5.3　教育普及活動での活用

　自然史博物館では，より多くの市民に自然に対する興味をもってもらったり，
理解を深めてもらったりするために，野外や博物館の室内で様々な**教育普及活
動**を行っている。特に，学校などのフォーマルな学習において自然を体感する
機会が少なくなった現代の子供たちにとって，これらの講座類は，自然に興味
を抱く機会を与えるインフォーマルな学習の場となりうるため，多くの博物館で
主要な活動と位置づけられている。野外での講座と異なり自然を直に体感しづ
らい室内での講座では，細部までじっくりと観察できる資料，特に実物資料で
ある標本が効果的な素材として利用される場合が多い。本節では，博物館内で
実施する教育普及活動では，どのような目的で，どのような標本を利用してい
るのかを，筆者が勤務する博物館（以下，当館とする）の事例を中心に紹介する。

5.3.1　標本作製法の習得

　以前に比べると減少したとはいえ，夏休みの宿題などとして昆虫や植物，岩
石類などの標本を作製したいと考える子供たちは少なからず存在している。そ
のような子供たちにとって，実物を利用した**標本作製体験**は有意義である。例
えば，昆虫標本作製法をテーマとした講座では，昆虫などの翅を整えるための
展翅（図 5.12）における個々の作業の意味や，力の入れどころといった作業上
のポイントなどが，実物を用いることで，より感覚的かつ的確に理解できる。
同様に，さく葉標本や液浸標本，プレパラートなどの作製法を学ぶ際も，実物
である標本の活用は効果的である。

5.3.2　構造や機能の理解

　生物の形状の詳細な観察やスケッチは，その生物の構造を理解するための大
切なステップである。画像なども観察やスケッチのための素材として利用でき

5.3 教育普及活動での活用

図 5.12 チョウ類の展翅

図 5.13 実体顕微鏡による鉱物標本の観察

るが，実際に手に取り，様々な角度から観察が可能な資料がより効果的である．特に，実物はその生物に対する参加者の知覚を刺激する効果が高いため，脊椎動物の剥製や骨格標本などが素材としてよく用いられている．さらに，なぜそのような形であるのかを想像してもらうなどのステップを加えれば，生物の器官の**構造と機能との関連性**を知覚してもらう契機になりうる．

また，ルーペや顕微鏡などを用いた鉱物の結晶構造やフズリナの観察などでは，肉眼ではわからない微細な構造に秘められた美しさや規則性に気づいてもらうことができる（図 5.13）．

さらに，アンモナイトや三葉虫の化石を原型としてレプリカを作製することで，それら生物の**形態的特徴**を理解してもらう講座も，自然史系博物館でよく実施されている．このタイプの講座は，本物の化石に触れることができるだけでなく，自分の手によるオリジナルのレプリカをつくり持ち帰ることができる

図 5.14 イリオモテヤマネコの糞からの内容物の選別

ため，人気がある．このため，レプリカ作製のための材料など一式をセットにしたキットを準備し，学校などに貸し出している博物館もある．

5.3.3 生物の生態的特性を知る

　研究用に採集した資料の一部も，室内講座に活用可能である．当館では，野外調査の際に研究用として採集したイリオモテヤマネコの糞から，そこに含まれているものを探し出す講座を実施している（図5.14）．ほとんどの参加者は，糞から鳥類の羽毛や両生類の骨などを見つけられるため，自らの作業を通しイリオモテヤマネコの食性を知ることができるほか，捕食-被食といった**生物間相互作用**の存在を実感してもらえている．なお，この講座には，イリオモテヤマネコといった高次捕食者が安定して暮らしていくには，自らのみならず餌となる生物も含む多様な生物が生息できる生態系が保たれる必要のあることに気づいてもらう狙いもある．

5.3.4 標本の利用にあたって

　標本が教育普及活動に効果的な素材であるとはいえ，標本の保存と利用は相容れない場合がほとんどである（5.1節参照）．本節で紹介した講座においても，標本は参加者による意図せぬ破損など予測不能な危険と隣り合っている．このため，参加者に対しては，講座開始時に使用する標本の取り扱いについての留意点を伝えるとともに，講座中にも補助の学芸員やボランティアがしばしば声

かけすることが肝要である。また，研究用の標本とは別に，教育普及用の標本を収集しておくことも望まれる。

　また，1つの講座に伝えたいメッセージを詰め込みすぎると，いくら標本を用いたとしても，それらメッセージが伝わりにくくなる場合がある。講座を計画する際は，「だれに」「何を」「どのように」伝えたいかなどを具体的に設定することが重要である。これによって，より効果的な標本の選定や活用法の考案も容易になる。　　　　　　　　　　　　　　　　　　　　　〔真鍋　徹〕

5.4　収蔵しながら見せる―魅せる収蔵庫―

　魅せる収蔵庫は，オランダのボイマンス・ファン・ベーニンゲン美術館の「デポ・ボイマンス・ファン・ベーニンゲン」，ドイツのベルリン自然史博物館の液浸標本展示室（図 5.15），壱岐市立一支国博物館のオープン収蔵庫など，世界各地の博物館でつくられている。魅せる収蔵庫をつくる際には，資料保全のためできるだけ普通の収蔵庫と同じ環境を整える一方で，来館者から見られる展示としても成立していなければならない。そのため，通常の展示空間とは違った対策を行う必要がある。2022 年に完成した兵庫県立人と自然の博物館（ひとはく）の新収蔵庫棟「コレクショナリウム」に設置した魅せる収蔵庫「コレクションギャラリー」を例に，どのような対策が必要かをみていく。

　コレクションギャラリーは，面積 64 m^2，高さ 3.5 m の空間で，2 面がガラス壁になっており，ガラス壁に沿って棚を 6 段に配列し，1 面は鳥類の剥製，もう 1 面はドイツ型標本箱に収めた昆虫標本を棚上に配置している（図 5.16）。来館者はガラス壁越しに棚上の資料を見ることができるが，部屋の中に入ることはできない。コレクションギャラリーには通常の収蔵庫と同じ仕様の空調管理設備を導入して恒温恒湿環境を維持し，入口にはエアタイト扉を採用している。そのため，①冬期の外部空間との温度差により生じる恐れのある結露への対策，②天井照明だけでは暗くて見えにくくなる棚下の資料を照らす工夫，③ガラス壁の反射対策が必要である。特に昆虫標本はドイツ型標本箱に収納されているため，ガラス壁のほかにガラスの蓋の光の反射対策が必要になる。ひと

図 5.15　ベルリン自然史博物館の液浸標本展示

図 5.16　コレクショナリウム魅せる収蔵庫（口絵 20 参照）

はくは，①にはガラス壁にペアガラスを採用し，天井，壁面には調湿材を使用する，②にはテープライトを各棚上と棚下に角度をつけて配置する，③は低反射フィルムをガラス壁の外面と内面，さらにドイツ型標本箱のガラス面にも貼ることで対処している．

　光はエネルギーをもっているので，光が当たることによって被照射物に何らかの不可逆的な反応を引き起こす．資料保全の面からみれば，光を必要以上に当てないことも大切な要素だが，魅せる収蔵庫には展示としての側面も大きいため，照明については通常の展示空間と同じにせざるを得ない．その分通常の収蔵庫と比較して，中の資料の劣化が早く進むことについては覚悟が必要である．魅せる収蔵庫に収蔵した剥製や資料は，展示としての見栄えと資料の劣化速度を考慮して選んでいる．またガラス壁面が複数あることで，来館者の視線は多方面から中の標本資料に向けられることになる．設置する資料の，前面だけでなく側面，さらには背面からの見え方まで考慮する必要が生じるため，展示制作の難易度があがることにも注意が必要である．もう一つの注意点として，ガラス壁に低反射フィルムや紫外線カットフィルムを貼り付けた場合，部屋全体の燻蒸はできなくなることに留意されたい．燻蒸薬剤とフィルムの樹脂が反応し，ガラス壁の透明度が下がる可能性があるためである．　　　　　　　〔高野温子〕

6

自然史標本を利用する

　自然史標本は実物を伴う一次資料であることから，自然史に関わる学術研究や，昨今では生物多様性保全あるいは自然再生などのシンクタンク活動を行う上で，重要なエビデンスデータとして用いられる。本章では様々な標本の研究やシンクタンク事業への活用事例を紹介する。

6.1　調査，研究

6.1.1　自然史標本の利用方法

　自然史標本は情報の宝庫である。実物であるということが何よりの価値だが，ラベルに記載された情報にも価値がある。標本を調査や研究に利用する場合，まずは標本そのものを研究材料として用いるケースがある。タイプ標本（模式標本）と呼ばれる，学名の担保となる標本の場合は，その生物の形態的特徴を正しく理解するために閲覧される。主には外部形態の熟覧だが，最近は X 線 CT スキャンを用いて非破壊・非侵襲的に岩石，隕石，化石，遺物，植物などの標本の内部構造の詳細な情報を得られるようにもなっており，ロンドン自然史博物館のように CT スキャン画像のデジタルアーカイブ化を行っているところもある。岩石やボーリングコアの場合は，後述するように標本資料の一部を採取して鉱物や組成を調べるなどの分析に用いる。近年は生物標本の一部から DNA を抽出して，集団遺伝解析や分子系統解析に用いることもある。解析法や技術の進歩により標本の再評価が進み，あるいは標本を思いがけない形で活用することが可能になる。実物標本を長く適切に保存することの意義はそこに

あると言っても過言ではない。

　2つめは主に生物標本に付随しているラベル情報を活用するもので，調査地の選定や，場合によっては生態的・地理的変異，あるいはフェノロジー[1]を調べるのに用いられる（後述）。収蔵庫には通常複数地点から採集された同種の標本が収められており，調査地の選定のため，研究対象種の標本を閲覧する場合がある。その他にも多様な生育環境に育つ植物には緯度や標高，気候や土壌など生育環境に対応した生態的変異がみられる場合もあるし（松林・藤山2016），十分な数の標本があれば，地理的変異の解析を実施することも可能である。こういった調査は通常複数の博物館を訪問し，できるだけ多くの標本を用いることが求められる。

　自然史博物館の標本は，アマチュアの愛好家であっても，しっかりした目的意識と研究への熱意，標本を適切に取り扱えると判断すれば利用を認めている博物館が多い。日本でも国立科学博物館が公開しているサイエンスミュージアムネット（S-Net）[2]をはじめ，8章で紹介する各種自然史標本の公開データベース（DB）が充実してきており，加えて2022年の改正博物館法により資料のデジタルアーカイブ化が努力義務となったことから，標本情報の公開は今後いっそう加速していくと考えられる。そのような各種DBなどで情報を得てからお目当ての標本を所蔵する博物館に連絡し，調査研究の目的と閲覧したい標本名を告げて担当学芸員に来訪のアポイントをとる。場合によっては，標本閲覧や借用，標本の一部破壊のための申請書を提出するなどの書類手続きが必要となる。詳細は担当学芸員に確認する。実際の標本閲覧の際には，学芸員から告げられる収蔵庫の利用規則を遵守する。最後に，生物の標本につけられた種名はすべてが正しいとは限らない。可能な限り自ら標本を調べて同定の確認を行うことが肝要である。

6.1.2　博物館資料を活用した研究例

　はじめに，自然史という枠から外れるかもしれないが博物館の標本がノーベ

1）フェノロジー（生物季節）とは，季節変化に伴って起こる生物の状態や行動の変化のことである。例：植物の開花・結実，鳥やカエルの初鳴など。

2）https://science-net.kahaku.go.jp/（2024. 8. 1確認）

ル賞級の研究に貢献した事例を紹介したい。2022年のノーベル生理学・医学賞は、マックス・プランク進化人類学研究所のスヴァンテ・ペーボ博士に贈られた。次世代シーケンサーを活用しネアンデルタール人を含む古代人類DNAを復元することで、我々現代に生きる人類と古代人類との関係を明らかにしたというのが授賞理由であるが、彼らが材料として用いた古代人骨はドイツやクロアチアの博物館に保管されていたものだった(ペーボ 2015)。ネアンデルタール人の骨は19世紀からヨーロッパの各地で発見され、当初は現生人類や類人猿の骨との外部形態比較により、現生人類の祖先だとか類人猿だという様々な議論を巻き起こしていた。

　生物のDNAは、通常は個体の死後速やかに酵素によって切断される。何らかの幸運で切断を免れても、時間の経過とともに紫外線などの作用で分解が進む。2000年代前半までは、100年前につくられた剥製からのDNA抽出と遺伝子増幅ですらほぼ不可能といわれていた。2000年代後半に入り次世代シーケンサーが開発され、断片化したDNAの配列を大量に高速に読むことができるようになり、ずたずたになったネアンデルタール人のDNAの解読が可能になった。ペーボ博士らの研究は、技術の進歩とともに博物館資料から取り出せる情報の質や量も変わってゆくことを我々に教えてくれる。

　ネアンデルタール人ほど古くはないが、Besnardら (2016) は、博物館所蔵の100年ほど前に採集されたカンムリバト (図6.1) の剥製から、DNA抽出およびPCR増幅に成功した。カンムリバトはインドネシアからパプアニューギニアにかけて生息する全長60〜80 cmほどの美しい鳥で、生息地の破壊や羽

図 6.1　カンムリバト (© 千葉市動物公園)

毛の装飾品利用などの乱獲により生息数を減らし，ワシントン条約など各種法律により保護されている。現在これらの鳥の研究は困難を極めているが，剥製を用いることでDNAを利用した各種解析が可能になる。

　同様に，すでに絶滅した生物についても剥製があれば研究は可能である。Parhamら（2004）は絶滅した[3]ウンナンハコガメ（*Cuora yunnanensis*）の剥製からミトコンドリアDNA（mtDNA）の抽出と増幅に成功し，このカメが他の近縁種と明確に異なるmtDNAをもち，独立した分類群であったことを示した。

a. 生物の分布とフェノロジー：その変化を探る

　植物標本は，通常花，胞子，果実などの繁殖器官がついたものを採集して製作されるため，標本を観察することで植物のフェノロジーの中でも特に重要な開花期や結実期，分布や種内変異を把握することができる。昨今世界中の植物標本庫や博物館で進められている自然史標本デジタル化と公開事業により標本画像DBが充実し，複数の館の標本画像を大量にかつ容易に得ることが可能になり，気候変動に対応した植物のフェノロジー変化の研究に用いることが増えている。

　ヒマラヤ山脈のシャクナゲ亜属植物（図6.2）は，19世紀から20世紀にかけてプラントハンターらによって大量に採集され，世界中の植物標本庫に収蔵された。Hartら（2014）は1884〜2009年に採集された1万295枚のヒマラヤ東端にあたる麗江山脈産シャクナゲ亜属標本を用いて，125年間の気温上昇に付随してシャクナゲの開花時期がどう変わったかを調べた。シャクナゲ亜属の開花は春で，開花には休眠から覚めた後の気温の積算が関係する。つまり暖かければ早く開花が始まる。一方で花芽を形成して冬眠に入るまでの秋期には低温要求性をもつ。秋に気温が下がらず冬眠に入る時期が遅くなると，開花は遅れる。Hartらは，シャクナゲの開花に影響を及ぼしうる様々な変数（標高，年平均気温，春期，夏期，秋期，冬期の気温）を取り上げ減増法（backward stepwise selection）を用いてどの変数が開花期の変動に影響するかを調べた。

3）ウンナンハコガメは最近新たな生息地が発見され，IUCN2022にはCR種としてレッドリストに掲載されている。

図 6.2 *Rhododendron lepidotum*
(©Toshio Yoshida)

図 6.3 *Margaritifera margaritifera*
(撮影：Tom Meijer)

結果，年平均気温，標高，秋期の気温が開花期の変動と相関関係にあること，年平均気温が 1°C 上昇するとシャクナゲ亜属の開花期が 2.27 日早まり，秋期の気温上昇は 1°C につき開花を 2.54 日遅らせることを明らかにした。

　水域生態系も気候変動の影響を受けている。ヨーロッパ全域に分布する淡水真珠を産する貝の一種 *Margaritifera margaritifera*（図 6.3）は，過去 100 年間の間に特に生息域の南部で分布と個体数が激減しているが，原因は不明だった。Bolotov ら（2018）はこの貝の貝殻の総体的な凸凹度（relative shell convexity index: SCI＝幅／長さの比×100）が夏期の気温上昇と相関関係にあることを示し，ヨーロッパ 6 か国 50 河川の過去（1840〜1940 年）と最近（1984〜2013 年）の同種の貝殻の凹凸度を計測した。各河川に出かけて捕獲した貝のほか，各国の自然史博物館収蔵の同種標本を多数用いた。その結果，過去に採集された貝標本の SCI 値は緯度との相関関係を示さなかったが，近年採集された貝標本の SCI 値は，低緯度になるに従って有意に増加していた。北緯 61°以上の高緯度集団では過去と最近の個体間で違いがなかったことから，特に低緯度集団で連続的に SCI 値が変化していると考えられた。そこで SCI 値と夏の平均気温との相関をみたところ，高い相関関係を示した。低緯度地域ほど近年の地球温暖化の影響が強く，貝の形状を変化させていることがわかったのだ。この研究

は，地球温暖化が貧栄養な淡水生態系に与える影響を可視化したほとんど初めての例である。

b. 収蔵庫から新種を発見する

新種の発見は人類未踏の地ではなく，収蔵庫の中でなされることの方がずっと多い。標本庫には，各地から採集された標本が複数（時には多数）あり，近縁種と呼ばれる系統的に近い標本も収蔵されている。それらを比較検討することで，形態的差異の吟味と評価が行える。収蔵庫には顕微鏡，図鑑などの同定に必要な専門図書も置いてあり，これらの作業を助けている。Bebber ら（2010）は，1970～2010 年に Kew Bulletin 誌に発表された新種記載論文やモノグラフ[4]を集め，ある植物が初めて採集されてから新種と発表されるまでにどのくらいの時間がかかっているかを調べた。その結果，初採集から 5 年以内に新種記載されたのは 16%，5～25 年かかったのは 63%，21% は 25 年以上，中には 50 年以上経って新種と判明した分類群もあった。Bebber らによれば，いまだ 7 万種いると推定されている未記載の被子植物の半数以上はすでに採集されて収蔵庫にあり，専門家によって新種と認められる日を待っているのだという。これは植物の例だが，昆虫でも収蔵庫の標本を検討している中で，新種と判明した事例は数多い。

c. 進化の要因を探る

鳥の魅力的な美しい羽根に着目した研究は多いが，Nicolaï ら（2020）は鳥の皮膚に注目した。鳥類も他の脊椎動物同様に黒い皮膚をもつものがいるが，その進化のメカニズムはこれまで調べられてこなかった。Nicolaï らは，自然史博物館に収蔵されている，鳥類の 99% 以上の属を網羅した 2259 種の鳥類剥製の皮膚の色を調べた。また GBIF（Global Biodiversity Information Facility，地球規模生物多様性情報機構；8 章で詳述）を使って調査対象種の分布域を調べた。メラニン色素に富む黒色皮膚は鳥類のごく一部（～5%）にしかみられないが，138 属の分類群に分散してみられることから 100 回以上独立して進化したと考えられる。黒い皮膚をもつ鳥の分布は，赤道に近くなるほど温血動物

4）モノグラフとは，ある特定の分類のグループ（属や科など）について，そのグループに所属するすべての種や変種の分類群を網羅的に記述した論文のことである。

の色素が増えるというグロージャーの法則によく従っており，黒い皮膚は，はげたり白色の羽毛をもっている鳥類，孵化したての幼鳥に多くみられた。メラニン色素を多く含む皮膚は，紫外線によるダメージから鳥類を守っていることが示唆された。

d. 古環境を復元する

ボーリングコアは地下の地層や岩石の標本である（図 6.4）。コアの肉眼観察や X 線 CT 解析により層相や堆積構造などの特徴を記載し，コアに含まれる示準化石や示相化石，年代を示す火山灰や種々の鉱物を取り出して分析し，過去の環境変化を復元する研究などに利用される。古くは鉱床学的研究や鉱物学的研究，石油や石炭などの地下資源探査にも用いられた。1995 年阪神・淡路大震災後には，日本各地で活断層の活動履歴や地下深部の構造を明らかにするため多数の深層ボーリングコア（長さ 200 m を超える長尺コア）が掘削され，調査地の博物館に収蔵・保管されている。近年，これらのコアが気候変動の要因を探る研究に使われた事例がある。宇宙線が増えると雲の生成が促進されて気候変動の要因になるというスベンスマルク効果（Svensmark and Friis-Christensen, 1997）は近年議論の盛んなトピックスであり，宇宙線の強弱は地球の磁場強度の変動がもたらしていると考えられている。しかしこれらの説を支持する証拠は不足していた。Kitaba ら（2013）は，兵庫県立人と自然の博物館（ひとはく）収蔵の神戸市東灘区で採取された長さ 1700 m の深層ボーリングコアを用いて，過去 5 回の間氷期における古気候および海水準の変動を復元し，およそ 78 万年前と 107 年前に地球の磁場強度が弱くなり気温が低下した時期があることを示した。気温低下は地球磁場の強度が現在の 40% 以下に

図 6.4 ボーリングコア（兵庫県立人と自然の博物館収蔵）

なって宇宙線が増えた時期に始まり，地球磁場の強さが回復するとともに気温も回復していた。さらにKitabaら（2017）は同一コアを用いて気温や降水量の季節変動を検討し，地球磁場の弱化に伴う気候の冷涼化は，磁場強度が弱まるとスベンスマルク効果により雲が増加し，その結果日射量が減少して冷涼化が生じるという「日傘効果」というメカニズムによるとした。

e. 人獣共通感染症のルーツを探る

2019年10月に発生が確認された新型コロナウイルス（SARS-CoV-2）は，コウモリ由来の人獣共通感染症ウイルスである。2000年代以降，世界的に流行した人獣共通感染症を引き起こすウイルスは，西ナイルウイルス（元宿主は野生鳥類），エムポックスウイルス，ハンタウイルス，SARSコロナウイルス，ジカウイルスなど枚挙にいとまがない。これら人獣共通感染症に立ち向かうときにも博物館資料は役に立つ。ウイルスの元の宿主を知ることは感染拡大経路の推定と防止対策を考えるための第一歩となるが，博物館収蔵の哺乳類や鳥類剥製には付随したウイルスも残存しているため，剥製を調べることで迅速にウイルスの元宿主を明らかにすることが可能となる。宿主が特定されれば，人への感染経路や場所，頻度などが想定可能になる。また宿主のウイルス耐性が地域によって異なる可能性もあり，宿主の集団遺伝構造や地理的変異を把握することも必要となる。

iDigBio（Integrated Digitized Biocollections）は，米国の自然史系博物館所蔵コレクションのデジタル化を促進するための横断型組織であるが，その傘下にViralMuse Task Forceというグループが立ち上がっている。このタスクフォースのミッションは，自然史博物館に収蔵されている哺乳類や鳥類剥製をデジタル化によって可視化するとともに，自然史博物館と感染症学者のコミュニティをつなぎ，必要に応じて感染症の研究者が博物館の収蔵資料を迅速に活用できるようにすることである。

f. 魚類の寄生虫を調べる

魚類の液浸標本には，魚と一緒に体表面や体内に潜んでいた寄生動物が固定されている。一般に魚類はストレスを感じるほど多くの動物に寄生されるといわれ，公害などの環境変化の影響を受ける前は現在よりも寄生動物の量が少なかったといわれてきたが，それを示すエビデンスデータは，実は過去に存在し

なかった。液浸標本を用いて魚類に寄生する動物の量を調べた例はあったが，液浸標本を作製する一連のプロセスを経ることで標本作製前と比較してどの程度寄生動物の量が変化するのかが不明であったこともあり，その価値が減じられていた。Welicky ら（2021）は数種類の魚類を採集し，液浸標本にする個体としない個体にわけ，液浸標本にした魚としなかった魚に寄生している動物の量や種類を比較し，両者に違いがないことを確認した。その後この方法は魚類だけでなく，水生昆虫の液浸標本にも適用可能であることが示された。

g. 過去の水質汚染を明らかにする

ロードアイランド島はかつて米国北東部の産業革命の中心地であり，繊維工業などが発展していた。19 世紀末には数多くの工場から銅，鉛，亜鉛などの重金属を含む排水や空気が排出され，大気汚染や水質汚染を引き起こしていた。過去の汚染実態を明らかにするために，Rudin ら（2017）は，ブラウン大学植物標本庫所蔵の 1846〜1916 年にロードアイランド島内 4 か所で採集された植物標本と，2015 年に採集された同島産の同種植物の標本を用いて，葉にどの程度重金属（銅，鉛，亜鉛）が蓄積しているかを調べた。結果，銅と亜鉛は過去と現在の標本の間に含有量の違いはなかったものの，鉛については，現在の標本の方が，有意に含有量が少ないという結果が得られた。また分類群により，蓄積される重金属の量にも違いがみられた。多年生草本のオオバコは，かつて銅，鉛，亜鉛とも高い含有量を示していたが，2015 年にはどれも有意に減少していた。

h. 気候変動に対する植物の反応を調べる

大気中の CO_2 濃度は，産業革命が始まる前と比較して最近 200 年間の間に 60 μmol/mol 増加している。葉の単位面積当たりの気孔の数は環境に応じて変化することが知られているが，Woodward（1987）は，ケンブリッジ大学植物標本庫に収蔵されたカエデやコナラ属などの温帯性樹種の標本 7 種について単位面積当たりの葉の気孔数を調べ，すべての樹種で気孔の数が 200 年前から現代に近づくにつれて減少していることを明らかにした。200 年以上前から同じ地域で同じ種の植物が繰り返し採集され収蔵されてきたことが，このような研究を可能にしている。

i. 生物多様性の減少を地球レベルで明らかにする

ハチ類は気候変動の影響で種数を減らしているといわれているが，そのような現象が限られた地域で起こっているのか，地球規模で進行しているのかを知るため，Zattara と Aizen（2021）は，GBIF で公開された世界中のハチ類標本と観察情報を調べた。2020 年以前に採集された 900 万点を超える標本と観察情報を用いて解析を行った結果，登録標本や観察情報は順調に増えているにもかかわらず，1990 年代以降，採集または観察されたハチ類の種数は減っていることがわかった。このような研究は，標本や観察情報などの生物多様性情報が世界中から大量に集められて初めて実現可能になったものである。

j. 植物標本デジタル画像から AI で種自動判別システムを構築

植物標本のデジタル画像化が進むにつれ，画像を利用した標本の種判別システムの開発が 2010 年代後半から始まった（Unger et al. 2016; Carranza-Rojas et al. 2017, 2018）。2019 年からはニューヨーク植物園が毎年 Herbarium Challenge という種判定システムの正答率を競うイベントを Kaggle（AI コンテストのプラットフォーム）で開催しており，2022 年度は北米に知られる陸上植物の 9 割にあたる 1 万 5000 種余りの標本画像を準備して判定率を競っている。日本でも，日本産維管束植物標本のデジタル画像約 50 万点を用いて，約 2100 分類群を識別できるシステムの開発が行われ，島根大学のウェブサイトで公開されている（Shirai et al. 2022）。Shirai ら（2022）は，葉や花などの欠損や虫食いなどが少ない状態のよい標本画像を 50 枚以上用意できた分類群だけを学習させると，正答率が 90％を超えたことを報告している。同種の標本を多く集積することの意味がここにも現れている。　　　　　　　〔高野温子〕

6.2　シンクタンク，レッドデータブック編纂

6.2.1　自然史博物館が担うシンクタンク

序章で述べられているとおり，自然史博物館は地域の自然・環境・文化の姿を，標本をはじめとする物的資料や，現地調査での観察記録，写真や動画などのメディアなどを蓄積して後世に伝えるとともに，それらを分析して地域の自

然・環境・文化の理解を深める役割を担っている。

一般に，シンクタンク活動とは，政治，経済，科学技術などの幅広い分野の課題について調査・研究し，その結果をもとに解決策を社会に提示する行為を指すが，自然史博物館に期待されるのは，地域の自然・環境・文化の実情を把握していることを前提にした課題の解決であり，自然史資料はそれに欠かすことのできないエビデンスとなっている。

自然史博物館に寄せられる相談内容は多岐にわたるが，主に「生物多様性の保全に関すること」と「自然の活用に関すること」に分けることができる。

□**保全に関するシンクタンク**　　生物多様性は人間活動により大小様々な影響を受けている。日本国内では，その影響は次の4つに大別される。①土地改変を伴う開発行為や乱獲など人間が積極的に自然に環境に介入することで生じる影響，②里山での伐採，里地での草刈り，池のかい掘りなど継続的な管理がなくなり人の関わりが乏しくなることで生じる影響，③公害問題や放射能汚染といった有毒な物質の野外流出やブラックバス，アライグマなどの外来生物の蔓延など，本来はその地域に存在しない有害なものが人間によって持ち込まれたことで生じる影響，④地球温暖化に起因する気候変動によって生じる影響，である（環境省 2023）。

保全に関するシンクタンクでは，これらの影響が及ばないように事前に回避する方策や，影響が避けられない場合でも，その影響をできるだけ小さくする方策（低減），影響によって失われたものを別の手立てで取り戻す方策（代償）を提案することが求められる。このような相談は，開発行為の計画から実施までの様々な段階や，開発後の自然再生活動の場面などで求められることが多く，受動的な対応といえる。

一方，標本資料や観察情報に基づき，絶滅危惧種を選定しリスト化することや，生物多様性の保全上重要なエリアを選定して地図化すること，在来生物や生態系を脅かす侵略的な外来生物をリスト化することなど，中長期的な保全を見据えた能動的な対応が求められるシンクタンク活動もある。

また屋上緑化やビオトープなどで草地，水辺などの環境を創出しようとする取り組みや，里山管理の再開による生物多様性保全の取り組みなどに対するシンクタンクでは，標本，資料に基づき創出しようとする環境の姿を提示した

り，それらを比較対象として保全活動の効果を検証したりすることなどが含まれる。

□**自然の活用に関するシンクタンク**　　自然史資料は，研究材料や教材だけでなく，地域の自然資源についての情報源としても有益である。自然の活用には，展示物や教材などといった消費的に利用する場合や，自然観察会やレクリエーションの活動地，エコツーリズムなどの観光等の訪問地として利用する場合，自然物の外観や地形，風景などの映像の取得や，それらをモチーフとした作品，製品の作成に利用する場合などがある。これらにおけるシンクタンクでは，自然のもつ多面的な価値を解説することに加え，自然資源の活用に適した場所の検討や，自然資源の枯渇を防ぎ持続的な利用が可能となるような方策の提案などが求められる。

□**自然史資料と活動との接続**　　自然史博物館は国などの行政機関や市民団体から相談を受けることが多かったが，近年は環境課題に取り組む企業からの相談も増えており，相談相手の多様性が増している。シンクタンク活動は方策を提案することで一段落するのではなく，その方策が実行され，生物多様性の保全や自然の活用の目的が達成されてこそ真に機能したといえる。そのため，シンクタンク活動にあたっては，自然史資料を科学的に分析した結果を提示するだけではなく，データの読み解き方についても丁寧な説明を行い，相談内容に適した方策を協働で立案することを通じて，その方策の賛同者，理解者，実践者が増えるように心掛けることが望ましい。

■ 6.2.2　シンクタンクにおける自然史資料の使い方

　相談内容に応じて，自然史資料を下記のような視点から適切に分析することでシンクタンク活動に役立てることができる。

□**数量的な視点**　　保全すべき対象種の数量や活用したい自然資源の量を知ることは，現状を認識して適切な方策を立案するのに役立つ。例えば，シンクタンクの対象地域に分布している生物の種数，保全しようとする絶滅危惧種や資源として活用できる種の種数，量を，収蔵される標本資料点数や過去の調査データから推定することができれば有益である。数量的な把握には，標本の蓄積に加え，それらの情報を体系的に整理した様々な分類群の自然誌といった基礎的

なデータが不可欠となる。

□**時間変化の視点**　地域のシンクタンクでは，その地域の自然・環境・文化がどのような変遷をたどっていたのかという，時間変化についての情報を把握することが有用である。例えば，対象地域で保全したい種が，過去にどれくらいの量で分布していたか，またその数がどのようなペースで減っているのかといった情報は対策を検討する上で欠かせない。博物館が収蔵する標本には採集年月日が記録されているため，同じ種の標本が多数ある場合には年代ごとに標本点数を集計することでおおむねの傾向を推定することができる（ただし，年代によって調査努力量や調査範囲の規模が異なる可能性があることに注意する必要がある）。また，その種がいつ頃までその地域に分布していたのかについても知る手がかりとなる。

標本以外にも撮影年代が明らかな写真や動画も活用できる。例えば，複数の年代で撮影された同一地点の風景や植生景観の写真を比較することで，保全や活用の目標を設定しやすくなることがある（図 6.5）。

□**地理的分布の視点**　シンクタンク活動において，保全や活用の対象の地理的分布を把握することは，その種の生態などを理解する上で欠かせない分析の一つである。自然史標本には採集地の記録が付随するため，それを手がかりに地理的分布を把握する。ただし標本の採集地の記録の精度にはばらつきがある。

図 6.5　年代の異なる同一地点で撮影された植生景観写真は，自然再生の目標を設定する上での判断材料となりうる（橋本 2016）
左：1981 年の東お多福山草原の様子（写真提供：神戸市森林整備事務所），右：2014 年の東お多福山草原の様子（撮影：橋本佳延）。本写真は兵庫県南東部の六甲山地に広がる東お多福山でのススキ草原の再生活動に役立てられている。

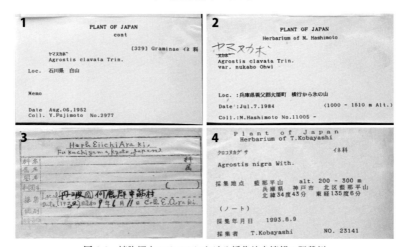

図 6.6 植物標本のラベルにおける採集地点情報の記載例
1：山地名に留まる例（石川県白山），2：範囲が広い調査ルート名にとどまる例，3：市町村名でとどまる例（中筋村），4：小字まで含む住所が記載される例（いずれも兵庫県立人と自然の博物館収蔵品より）．

GPS などで測量した緯度経度や，小字までの詳細な住所が記載されているものもあれば，地方名（摂津国など）だけ，都道府県名と地形名称（〇〇山，××川など）だけなど，正確な場所が特定できないものもある（図6.6）。また古い標本には旧地名，旧住所が記載されているため，現在の住所との照合が必要である。このように空間的広がりの情報を扱う際には，測地精度が異なるデータを扱っていることを理解した上で分析する必要がある。

□ **自然史資料の地図情報化**　　自然物，生物種の地理的分布は GIS（地理情報システム）を用いて地図上に図化し，気候，地質，土壌などの環境情報，人口密度や都市改変の度合いなどの人間活動の情報，道路や堰堤，ダムなどの人工構造物の分布などの情報と重ね合わせることで，それらとの関係性を理解しやすくなる（図6.7）。生物の分布やその増減などについての要因の分析につながるため，地図化は保全のシンクタンクを行う上で有効な手法といえる。また，地図化により視覚的に説明することが容易となり，様々な人との情報共有も行いやすくなる。地図は博物館の展示物としても活用できるため，博物館の他の活動への利点も大きい。

6.2 シンクタンク，レッドデータブック編纂

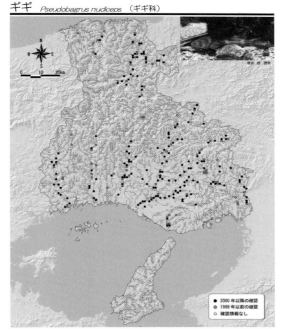

図6.7 地理情報システム（GIS）を用いた生物分布情報の地図化
兵庫県の淡水魚の分布についてとりまとめた自然環境モノグラフ（兵庫陸水生物研究会 2008）より抜粋．

6.2.3 自然史資料を用いたシンクタンクの事例1 —絶滅リスクの判定とレッドリスト・レッドデータブックの編纂—

　レッドリスト（RL）・レッドデータブック（RDB）とは，主に野生生物について生物学的な観点から個々の種の絶滅の危険度を評価し，ある地域から絶滅してしまった種や，このまま放置すれば絶滅するおそれのある種（絶滅危惧種）をリストアップしたものである．

　RL・RDBの作成の前提となるのが十分な調査に基づき地域の生物相を記載した生物誌や生物リストの存在で，その根拠になるのが標本に代表される自然史資料である．

RL・RDB は様々な分類群（哺乳類，鳥類，爬虫類，両生類，汽水・淡水魚類，昆虫類，貝類，その他無脊椎動物，維管束植物，藻類，蘚苔類，地衣類，菌類など）について作成されているが，生物種だけでなく植物群落や生態系，地形・地質や景観など，空間・場を対象としたものも作成されている（例えば，「兵庫県版レッドリスト」（巻末文献参照）など）。

RL・RDB には，地球規模のもの（THE IUCN RED LIST OF THREATENED SPECIES；巻末文献参照），日本全国のもの（国版；レッドデータブック・レッドリスト，巻末文献参照），行政単位（都道府県や一部の市町村）のもの（地方版）がある。国版があるのに地方版が作成される理由は，国からは絶滅するおそれはなくとも，地理的分布に偏りのある種については北限や南限などの分布の周辺部や島嶼部などで個体数が少なくなり，その地域では絶滅するおそれがあるものも存在するからである（矢原・鷲谷 2023）。このことは自然史標本を国で一括して収集・収蔵するのではなく，各地で拠点を設けて分散して収集・収蔵して地域の特性を把握することの意義にもつながっている。

□**絶滅リスクの評価やリスクに基づく分類**　日本では IUCN（2001）の評価基準を参考にして絶滅リスクの評価やリスクに基づく分類が行われている。リスクに基づく分類については，国版では IUCN の評価基準に準拠している（環境省 2020）が，地方版ではそれらを簡略化したり，地域固有の課題を反映させるための独自のカテゴリを設けたりしているものなどがある。

絶滅リスクの評価基準は定量的要件と定性的要件により構成されており（環境省 2020），定量的要件には過去 10 年間または 3 世代のどちらか長い期間における個体群の減少率を基準として判断する項目と，出現範囲や生育・生息面積の減少や分断の度合いを基準として判断する項目が含まれる。減少率の算出や地理的分布の範囲の変化の判定は，標本の採集記録や研究者，調査者，ナチュラリストなどによる調査記録などをもとに行われる。

定性的要件には「個体群の減少状況」「生息地での生息条件の悪化」「再生産能力を超える捕獲・採集圧の影響」「交雑の危険性」を判断する項目が含まれる。定性的要件の評価では，地域の生物の生息・生育状況に精通した研究者，調査者を委員とする検討委員会や専門分科会を設け，情報が不足する種やエリアについては補足の調査を実施し，文献情報と委員の知見とあわせて評価を行う。

このとき，在野の研究者やナチュラリストによる野外での経験知を博物館が集約し評価に役立てることで，その精度を高めることができる。国版や地方版では，定量的な情報が不足している種，地域も多くあることも踏まえ，定量的要件と定性的要件を併用して行われているが，地方版の一部では定性的要件のみで評価しているところもある。

□**レッドリスト・レッドデータブックの活用方法**　　RL・RDB にリストアップされた種（RL・RDB 種）は，それらが生育・生息する環境の稀少性，脆弱性を示す指標としても活用されている。

　RL・RDB 種は，その生育・生息環境の特性やリスク要因について評価されていることから，分布が確認されればその場所の環境の特徴やリスク要因を類推することができる。また，道路やダムなどの開発では，開発行為を始める前（政策や計画の立案段階）に RL・RDB 種が集中的に分布している場所がないかを調査し，あればその地域の生物多様性の保全上重要な場として，開発範囲から避けることがある（戦略的環境アセスメント）。一定規模以上の開発では環境影響評価が行われるが，RL・RDB 種が分布している場所を改変せざるを得ない場合は，開発による悪影響を緩和するために様々な配慮を行うことが開発者に求められる。里地里山の保全では，分布する RL・RDB 種の特性を理解することで，保全計画を検討しやすくなる。このようにシンクタンクにおいては，RL・RDB 種の情報は欠かせない。

■ 6.2.4　自然史資料を用いたシンクタンクの事例2―地図化による保全指針の提示と地域での自然資源の活用への展開―

　地域の生物多様性の保全を適切に行うためには，社会活動の場に生物多様性に関する情報を判断材料として組み込むことが重要である。ここでは自然史資料から得られる生物多様性情報を地図化したことにより，生物多様性に配慮した社会活動の発展につなげる2つのシンクタンク活動事例を紹介する。

□**河川生態系を適切に理解する手がかりとなる地図**　　河川は水生生物の生育・生息環境として重要な生態系である一方で，水害の発生が度々起こる環境であり防災・減災のための河川管理が求められる場所である。このような場所で生物多様性の保全と防災・減災を両立させるためには，河川に関わる人々が

河川生態系を適切に理解できる情報を共有し，日常的にコミュニケーションできる関係性を築くことが求められる。

　日本では，河川管理は国土交通省や都道府県，市町村の河川部局などの行政機関が主に担っている。河川構造物などのインフラの管理だけでなく，そこに生育・生息する生物の定期的なモニタリングも実施しており，河川環境における自然史資料は行政機関にも多く蓄積されている。兵庫県では，県が実施するモニタリング調査の結果を，博物館をはじめとする研究者，技術者と河川管理者の協働により分析し，河川の生物情報と環境情報を体系的にまとめ，河川管理に携わる人々と円滑に共有できるよう地図化した「ひょうごの川・自然環境アトラス」を発行している（兵庫県立人と自然の博物館 2007）。これは，保全と防災・減災の両立をはかるための基礎情報と関係者間のコミュニケーションツールとして活用されている。

　「ひょうごの川・自然環境アトラス」には，兵庫県にある 14 水系で調査された河川環境（水域，勾配，水温，水質，横断工作物の状況など）と生物（魚類，底生動物，植生）の分布の情報が集約されている。集約された情報を分析した結果は，14 水域の状況を概覧することができる地図（全県診断図）で表現し，解説文を添えてまとめられている。これに加え，水系ごとに河川区間ごとの生物多様性の特徴と保全を行う上で留意すべきポイントについて地図化した水系別診断図もまとめられている（図 6.8）。水系診断図の情報は，その水系に携わる人々が最低限把握しておくべき情報が集約されているため，河川の地形，形状を改変させるような整備を検討する際に必見の図となっている。

　このような適切な分析に基づいた生物と環境の地図は，その場所の生物，環境，社会的要請などについて理解度の異なる人々同士が円滑に議論するためのコミュニケーションツールとしても有益であり，自然史標本を活用した博物館ならではのシンクタンク活動の実践につながっているといえる。

□生物多様性情報の一元管理とその活用を実現させるための地図化　　生物は市町村，都道府県などの行政界の影響を受けることなく分布しているが，その分布情報は自治体ごとに管理され，自治体間で円滑に共有される仕組みが不足している場合が多い。近畿では防災，観光・文化・スポーツ，環境保全など自治体の枠を越え広域で取り組むべき課題を自治体間の連携により担うことを目

6.2 シンクタンク，レッドデータブック編纂　　　107

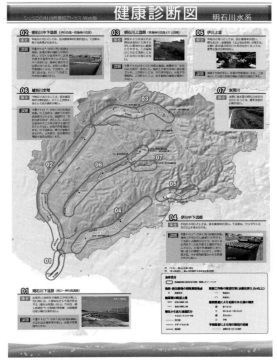

図 6.8　生物と環境の情報を集約し，保全対象と環境の課題についての解説を加えた地図の例
ひょうごの川・自然環境アトラス（web 版）（https://web.pref.hyogo.lg.jp/ks12/kankyochosa.html）の健康診断図，明石水系。

的とした関西広域連合が設立され（2023 年 7 月現在，8 府県 4 市が参加），生物多様性情報を博物館ネットワークなどの活用により共有すること，広域の視点で貴重な自然を見出し，より豊かな生態系がもたらす恵みの維持向上をはかることを広域環境保全計画の中で掲げている（関西広域連合 2016）。その取り組みの一つとして，生物多様性情報を地図化して共有する「関西の活かしたい自然エリア」事業（巻末文献参照）が行われている。

　この事業では，関西広域連合域にある国立・国定公園などの保護区や天然記念物といった法令で定められた保護区，棚田や里山など各種団体が選定した生

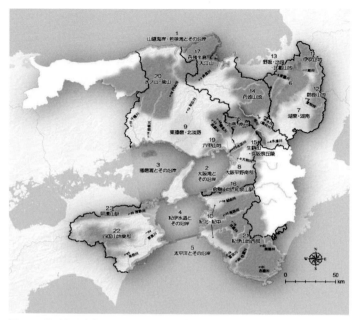

図 6.9 関西広域連合が選定する「関西の活かしたい自然エリア」(https://www.kouiki-kansai.jp/koikirengo/jisijimu/kankyohozen/shizenkyouseigatasyakai/seibututayousei/7661.html) 生物多様性の保全上重要な場所に関する情報を一元的にまとめた地図情報に基づいて抽出されている。

物多様性上重要な地区，RL・RDB で選定された重要な植生，生態系などの位置情報，面的な広がりを GIS により一元化して情報を共有している。また，それらの要素を森・川・海のつながりを重視し，府県域を越えた広域的な視点から意味のあるまとまりとして捉え，生物多様性保全上重要な地域として 23 エリアを選定している（図 6.9）。

エリアごとの拡大図も作成・公開され，選定理由，自然環境・生物多様性の特徴，景観・文化・一次産業の特徴に関する解説文と，エリア内の生物多様性の保全上重要な地点・地区のうち主要なものが地図で示されている（図 6.10）。

本事業では，自然エリア選定で終わりにするのではなく，エリアのもつ自然の魅力と保全の重要性を広く社会に共有するために，エコツーリズムに着目した事業を展開している（「関西の活かしたい自然エリアにおけるエコツアー」；

6.2 シンクタンク,レッドデータブック編纂

図 6.10 「関西の活かしたい自然エリア」の詳細図（16　北摂・南丹）(https://www.kouiki-kansai.jp/koikirengo/jisijimu/kankyohozen/shizenkyouseigatasyakai/seibututayousei/7661.html) 生物多様性の保全上重要な地点・区域，エリアの意義，自然環境・生物多様性の特徴，景観・文化・一次産業の特徴について集約し地図化している．

巻末文献参照）．自然エリアにおけるエコツアーでは，エリア内の生物多様性保全上重要な地点・場所の中から，そのエリアの特徴を知ることができ，かつ訪問による悪影響が及びにくい場所を選定してコース設定することや，自然環境との関連が深い文化・景観・一次産業との関わりについても楽しめる要素を盛り込むことなどが求められる．そのため，ツアー企画にあたっては，生物多様性の保全と利用の両立をはかる上で，その地域の自然・環境・文化や地域の営みに関する自然史資料や博物館の知見に期待される役割は大きい．関西広域連合では，関西の主要な博物館の学芸員，研究員やエコツーリズムの研究者，実践者の協力を得て，各自然エリアでのエコツアーモデルコースを作成しているほか，6つのエリアでは実際に行政，活動団体，旅行会社，教育機関などを対象としたエコツアーを試行してエコツアーの企画者・実施者を発掘する取り組みを行っている（表 6.1）．また，自然エリアでエコツアーを企画するための

表 6.1 関西の活かしたい自然エリアで企画されたエコツアーの行程（北摂・南丹）

目的地など	所在地	着時間	発時間	備考
起点 （JR 新大阪駅）			9：00	
一庫公園	兵庫県川西市 国崎字知明	9：50	10：30	里山の自然環境と炭作り文化の全体説明
黒川	兵庫県川西市 黒川	10：40	11：40	黒川のモザイク景観の解説 徳林寺付近の台場くぬぎと炭窯 クヌギ植樹場所の解説
野間の大ケヤキ	大阪府豊能郡 能勢町野間	11：45	11：50	国指定天然記念物の解説
昼食 （みちくさ能勢）	大阪府豊能郡 能勢町地黄	12：00	13：10	前菜，サラダのビュッフェスタイル，8 種類の menu から選ぶ石窯ピザ，旬のとれたて能勢野菜の石窯料理などが食べ放題
銀寄（栗）栽培	大阪府豊能郡 能勢町倉垣	13：20	14：30	伝統的に里山で栽培されてきた銀寄（栗）の栽培と生物多様性との関連
黒川（妙見山）	兵庫県川西市 黒川	14：40	16：40	ケーブル，リフトにより黒川駅から妙見山へ移動，ふれあい広場にて妙見山での取り組みの説明，妙見山にて妙見山のブナ林保全活動の説明
終点 （JR 新大阪駅）			17：40	

「関西の活かしたい自然エリアにおけるエコツアー」より抜粋.

ツアー設計の手引き（関西広域連合 2018）をとりまとめ，関西の活かしたい自然エリア内でのエコツアー実施の一助となる情報発信に努めている。

　このように，自然史資料は生物多様性保全上重要な地点，地区を分析・選定し地図化することで，自然の活用につながる情報としても利用できるようになる。

〔橋本佳延・三橋弘宗〕

7

自然史資料のデジタル化
―標本画像撮影法―

　本章では，化石・植物・昆虫標本の撮影法をなるべく詳細にかつ具体的に紹介する。しかしデジタル撮影関連の機器や装置は日進月歩で変化するため，ここで紹介する撮影方法が将来にわたってベストというわけではない。本章の例を参考に，撮影作業に使用可能なスペースの広さ，入手可能な撮影機材や投入可能な人的コストを考慮し，自館に合った撮影装置および撮影計画を立案してから作業に臨まれることを勧めたい。

7.0　資料デジタルアーカイブ作成上の留意点

　2022 年 4 月に成立した改正博物館法において，資料の**デジタルアーカイブ**作成と公開は博物館事業の一部に位置づけられ，努力義務が課せられた。同法ではすでに電磁記録が資料として認められており（博物館法第 2 条 4），法改正により博物館は実物資料のデジタルアーカイブを積極的に制作し，公開することを求められるようになった。博物館資料と呼ぶにふさわしい適切な標本画像を得てアーカイブ公開を行うには，標本の正確な色や姿が再現可能な画像撮影方法を選択し撮影を行うことが必要である。本章では様々な自然史標本についての撮影方法を述べるが，資料のデジタル化とアーカイブ作成にかかる作業は，標本をただ撮影するだけでは終わらない。自館のどの資料をどのくらいの数量，どの程度のクオリティを求めて撮影を行うか，撮影した画像の管理と公開はどのように行うか（画像ファイルの管理法，被撮影資料との連携法，データベース（DB）構築，ウェブ公開の方法など）までをあらかじめ計画してお

く必要がある。またあまり認識されていないが，デジタルアーカイブ作成は，撮影作業そのものよりも撮影前と撮影後の処理に時間がかかる。撮影前には撮影場所まで資料を移動し，必要に応じて適切にクリーニングし，標本に館 ID を付与するなどの作業があり，撮影後は撮影画像の適切なリネーム，メタデータ生成と画像との連携を行って DB 化，さらにはウェブ公開の手続き，資料を所定の場所に戻すなどの作業が発生する。これらすべてを一連の作業として考え，撮影装置設置費，かかる人件費や画像ストレージ，公開サーバー費用を見積もり，予算取りを行う。

　無事に画像公開 DB が完成し自館ウェブサイトで公開できたとして，デジタル画像はその後も定期的なアップデート作業が必要である。サイレントデータコラプション（エラー表示なくいつの間にかデータが壊れている現象）に注意を払う必要があるし，デジタル画像は PC の OS がプログラムを起動して生成・表示するものなので，OS がバージョンアップした際には，デジタル画像もその時点で新しい OS および画像生成ソフトに対応した適正なフォーマットに変換していく作業が必要になる。これを怠ると将来的にはせっかく取得したデジタル画像の利用ができなくなる。自然史標本は昆虫を筆頭に数量が膨大であることが多く，画像フォーマットが変わったからといって都度撮影作業を繰り返すのは現実的ではない。資料のデジタル化は，実物資料に関連した「もう一つの博物館資料」を生み出す作業であり，他の資料と同様，継続的な保全と管理作業が必要になる。

　しかし，デジタルアーカイブ作成の意義は，単に法律に従うことにあるわけではない。自館資料を可視化しアーカイブを公開することは，遠距離で，あるいは様々な理由で博物館へのリアルなアクセスが困難な方たちへのサービスを可能にし，6 章で紹介したような関連研究分野の研究促進にもつながる。館職員にとってもデジタルアーカイブを作成すれば，自席に居ながら資料検索ができるメリットがある。各館独自のデジタルコンテンツ公開の有用性は，先のコロナ禍において各館が様々な形で実感したことであろう。世界中の自然史博物館ではすでに所蔵標本の積極的なデジタル化と公開を行っている（例えば Tegelberg et al. 2012; Le Bras et al. 2017 など）。

　自然史系博物館におけるデジタル資料には，実物資料をデジタル化したもの

7.1 化石の撮影方法　113

以外にも，ボーンデジタルと呼ばれる古写真，生態写真，景観写真などがある。
厳密なことをいえば，資料収集は学芸員業務の一つであるので，館員が業務中
に撮影したデジタル写真は，業務中に採集した標本が博物館の所有物になるの
と同様に，基本的には博物館資料として収蔵されるべきである。しかし，実際
には館員個人が手元に保管している場合が多い。その理由としては資料登録に
かかる手間の問題と，館の画像データベースの容量の問題の両方がある。一方
で館員の専門性に期待した，珍しい生き物や化石などのデジタル資料の借用依
頼は絶えない。こういった依頼に迅速に対応できるよう，資料登録の簡便化と
博物館所蔵画像データベースの機能拡充の両方が求められる。　　　〔高野温子〕

7.1　化石の撮影方法

　化石（古生物）資料の全体を見渡すと，サイズのスケール幅がたいへん広い
ことがわかる。そのオーダーは，10^{-6} m（例：石灰質ナンノ化石）から，10 m
程度（例：恐竜復元骨格）にわたる。化石資料を撮影する際には，そのサイズ
によって撮影倍率が決まり，撮影倍率や資料の特性，画像の利用目的に応じて
撮影方法や機材を選択していくことになる。

7.1.1　撮影方法の選択

　走査型電子顕微鏡（scanning electron microscope: SEM）やデジタルマイク
ロスコープ（digital microscope: DMS）のような撮影機能を内蔵する専用機器
を除き，多くの場合は**ミラーレス一眼カメラ**（mirrorless interchangeable-lens
camera: **MILC**）や**デジタル一眼レフカメラ**（digital single lens reflex camera:
DSLR）で撮影すると考えられる（MILC と DSLR を合わせて**デジタル一眼カ
メラ** digital single-lens camera: **DSLC** と呼ぶこともある）。画像の利用目的に
かなう画質を確保するための最適な撮影方法は，レンズの焦点距離や撮影距離
（ワーキングディスタンス：WD），焦点深度やパースペクティブ（遠近感）な
どに左右され，いくつもの組み合わせが考えられる。最適な撮影倍率に絶対的
な基準はないが，被写体の長さが撮影範囲の長辺方向の 8〜9 割を占めるなど

のような目安を設定する。

　大まかな指標として，化石資料のサイズ別に適する撮影方法を挙げる（表7.1）。各々の撮影・機材環境に応じて，撮影方法や条件を決定するとよい。

□微化石・薄片　微化石（micro-fossil）とは顕微鏡で観察するサイズの化石の総称で，10^{-6}～10^{-3}m（μm～mm）オーダーの大きさである。

　微化石の撮影に最も有用なのは SEM である。高解像度で焦点深度が広いことが特徴であるが，表面の色や質感，内部構造は表現できない。

　プレパラートを生物顕微鏡，偏光顕微鏡を用いて透過光で撮影する場合，解像度の高い画像を取得でき，色や透明感を表現可能である。顕微鏡の操作方法に関しては井上（1997），野島（2011）など，顕微鏡写真撮影法については鈴木（2013）などを参照されたい。

　DMS，実体顕微鏡を用いた反射光での撮影は，生物顕微鏡と比較して解像度は一般に低い。薄片資料は，倍率や目的によって生物顕微鏡，偏光顕微鏡と，実体顕微鏡（透過光）を使い分ける。

□大型無脊椎動物化石，小型脊椎動物化石，植物化石　　多くの無脊椎動物化石は肉眼で観察できる大きさ（数 mm～数十 cm）であり，この範囲に入るものを慣例で**大型化石**（mega-fossil）と称する。同程度のサイズである小型の脊椎動物化石や植物化石（特に葉化石）も同様の撮影方法を適用する。これらの化石に対しては，2 cm 程度までは DMS，実体顕微鏡，マクロレンズ，それ以上の大きさならマクロレンズ，中望遠～標準レンズを使い分ける。

　通常の写真撮影では，厚みの大きな資料を撮影するとパースペクティブが顕著となる。WD が短いほどこの影響が強く，実際の形状（正射影）とは異なるイメージとなる（図7.1）。必要とする倍率を確保しつつ，WD を長くとれるようなるべく焦点距離の長いレンズを用いることで影響を軽減できる。

　葉化石などのように平面的で厚みの小さな資料の場合，フラットベッドスキャナを用いると，カラー画像の取得が簡便となる。

□大型脊椎動物化石など　　大型脊椎動物化石の復元骨格あるいはレプリカの撮影は，主に標準レンズでカバーできる。このため，技術的には他のサイズに比べて平易であるが，パースペクティブに配慮しつつ WD の確保が課題となる。より大きな資料では，さらに WD を確保するか広角レンズを用いる。

7.1 化石の撮影方法

表 7.1 化石サイズと撮影方法

化石サイズ	微化石，薄片		
化石サイズ	$10^{-6}\sim10^{-3}$ m （数 μm〜数 mm）	$10^{-6}\sim10^{-4}$ m （数〜数百 μm）	$10^{-5}\sim10^{-3}$ m （数十 μm〜数 mm）
撮影倍率	1 万〜十数倍	1000〜数十倍	100〜等倍
使用機材	SEM	生物顕微鏡， 偏光顕微鏡	DMS，実体顕微鏡
特徴	高解像度，焦点深度が広い	透過光撮影（透明感や色の再現），高解像度	反射光撮影（表面の色や質感の再現）
特徴	色，質感は再現不可	焦点深度が浅い，光を透過する化石のみ	焦点深度が浅い，生物顕微鏡と比較して解像度が低い
主な対象化石	微化石全般	プレパラート（石灰質ナンノ化石，珪藻，放散虫，花粉など），薄片（フズリナなど）	有孔虫，貝形虫，コノドントなど

化石サイズ	大型無脊椎動物化石，小型脊椎動物化石，植物化石		
化石サイズ	$10^{-3}\sim10^{-2}$ m （数 mm〜2 cm 程度）	$10^{-2}\sim10^{-1}$ m （2 cm 程度〜十数 cm）	10^{-1} m （十数〜数十 cm）
撮影倍率	10〜等倍	2〜0.1 倍	0.1〜0.05 倍
使用機材	DMS，実体顕微鏡，マクロレンズ	マクロレンズ	マクロレンズ，中望遠〜標準レンズ
特徴	反射光撮影（表面の色や質感の再現）	反射光撮影（表面の色や質感の再現）	反射光撮影（表面の色や質感の再現），技術的には比較的平易
特徴	焦点深度が浅い	焦点深度が浅い，パースペクティブに留意	焦点深度が浅い，パースペクティブに留意
主な対象化石	貝類（軟体動物），棘皮動物，腕足動物，節足動物などの無脊椎動物化石，葉化石，小型の脊椎動物化石		

化石サイズ	大型脊椎動物化石など	
化石サイズ	$10^{-1}\sim10^{0}$ m （数十 cm〜1 m 程度）	10^{0} m〜 （1 m 程度〜）
撮影倍率	0.05〜0.01 倍	0.01 倍以下
使用機材	標準〜広角レンズ	標準レンズ，広角〜超広角レンズ
特徴	反射光撮影（表面の色や質感の再現），技術的には比較的平易	反射光撮影（表面の色や質感の再現）
特徴	パースペクティブ，WD の確保に留意	WD や撮影場所の確保が困難，広角〜超広角レンズは像の歪曲が現れやすい
主な対象化石	大型脊椎動物化石	大型脊椎動物化石，復元骨格標本，歩行跡，化石林など

116   7章 自然史資料のデジタル化―標本画像撮影法―

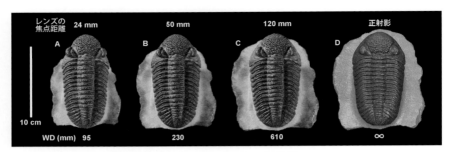

図 7.1 パースペクティブの比較
レンズの焦点距離の違いによる同一標本 *Drotops* sp.（GSJ F17137）のパースペクティブの比較（A～C）。D は産業技術総合研究所 地質調査総合センター共同利用実験室の X 線 CT 装置（日立製作所 Supria Grande）で得た断層画像から描出した正射影画像。

例外的に大きな化石として，歩行跡（生痕化石）や化石林などがある。これらは野外の場合が多いが，全体を撮影範囲に収めるためには広角～超広角レンズの使用が必要となるだろう。撮影者の立ち位置や WD の確保が困難となりがちで，超広角レンズでは撮影像の歪曲が現れやすい。

7.1.2 デジタルカメラによる大型化石標本の撮影法

ここでは大型化石標本のデジタル撮影の例として，DSLC を用いた方法について説明する。

□**撮影機材**　撮影機材としてはマクロスライダーを取り付けた中～大型コピースタンド，レンズとリモートスイッチを取り付けた DSLC，予備バッテリーまたは電源アダプター，主照明と副照明となる撮影用 LED ライト，熱帯魚用の黒砂（以下，黒砂）および淡色系の粒い砂～細礫（以下，白砂）を入れた紙箱またはプラスチックケース，トレーシングペーパー，各種テープ，5 cm × 10 cm にカットしたプラスチック段ボール（プラダン），水準器，0.5 mm の目盛のある定規などが必要である。この撮影セットの例を図 7.2A に示す。図 7.2B は水平・垂直方向への微動用のマクロスライダーと DSLC とマクロスライダーを接続するためのアルカスイス規格のクランプの取り付け例である。アルカスイス規格のクランプをマクロスライダーの雲台（カメラ取付用のネジがある台）側に，同規格のプレートをカメラ側に取り付けることにより，DSLC の脱着や

7.1 化石の撮影方法

図 7.2 撮影セットの例
A：コピースタンドとDSLC，アーム式照明拡大鏡を用いた標本撮影セット。B：コピースタンドの雲台に取り付けられたマクロスライダーとアルカスイス規格のクランプ。C：簡易撮影セットの例。

バッテリー交換が容易となる。他機関所蔵の化石標本を研究・撮影する場合には図7.2Cのようなカメラ用三脚とユニバーサルカメラスタンド，折りたたみ式LEDライトを組み合わせた簡易撮影セットを用意するとよい。カメラ用三脚とユニバーサルカメラスタンドを接続する場合にはユニバーサルカメラスタンドのクランプ中央部にW 1/4サイズのタップ加工を行い，ユニバーサルカメラスタンド側にアルカスイス規格のプレートを，三脚の雲台に同規格のクランプを取り付けてから接続すると設置・分解が容易となる。ユニバーサルカメラスタンドの雲台と反対側には必ず，バランスウェイト（錘）代わりに500 mL程度の清涼飲料水のペットボトルを入れたビニール袋を吊るし，転倒防止をはかっておく。

□**撮影前の準備**　標本を撮影する前に，ブロワーやダスター，マスキングテープなどで表面に付着している埃や糸くずなどを除去し，清浄な状態とする。埃が厚く積もった標本が丈夫で母岩の透水性が低い場合（例えば硬質泥岩や砂岩，石灰岩など）には中性洗剤を用いて表面を丁寧に水洗後，乾燥させておく。

118　　　7章　自然史資料のデジタル化—標本画像撮影法—

　多数の標本を撮影する場合，あらかじめサイズや起伏に応じて標本をいくつかのグループに分けておくとよい．この「仕分け」により，グループ単位では標本までの距離やピント位置を大きく変更することなく，効率的に撮影ができる（松浦 2003，pp.187-199）．

　化石標本では多くの場合，表面の模様状の色は斑状または染み状の鉱物などによる汚染の場合が多い．分類学的論文に添付する画像ではこのような斑や染みは不要な情報であるので，ブラッキングやホワイトニングと呼ばれる処理を行い，表面を均質な状態とする．この処理により，コントラストの明瞭な画像を撮影できる（ホワイトニング前・後の標本の比較については図 7.3 D1, D2 を参照）．これらの処理を行う際，化石標本が単離している場合や，母岩の割合が小さい場合には，事前に爪楊枝とテープまたは歯科用シリコンゴム印象材

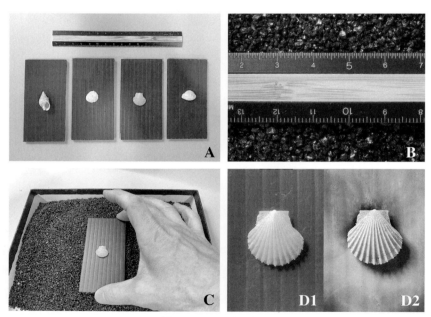

図 7.3　化石標本撮影の例
A：プラダンにテープで固定された小型の化石標本．B：1枚目に撮影した定規の目盛．C：紙箱に入れた黒砂の上での化石標本の撮影アングルの調整の様子．D1, D2：撮影画像の例．D1：ホワイトニングなし．D2：金属マグネシウム法によるホワイトニングあり．標本は高知県の下部更新統唐ノ浜層群穴内層産の *Cryptopecten vesiculosus* (Dunker, 1877) ヒヨクガイ．縮尺は B に同じ．

による「取っ手」をつけるか，後述のように小さく切ったプラダンの上に固定するとよい。

殻が溶脱した型化石（外形雌型）の場合には，歯科用シリコンゴム印象材でキャスト（鋳型）を作製し，ブラックニング後，ホワイトニングを行っておく。

ブラックニング・ホワイトニングの方法や手順については速水・小畠（1966），増田ほか（1980），間嶋・池谷（1996），野田（1997），蜂谷（2000），松浦（2003，pp.187-199），Itano（2005），Parsley et al.（2018）などに詳しい。

□標本の固定　標本は無反射ガラスやアクリル板の上に油粘土や練り消しゴムなどで固定するのが一般的であるが，油粘土を用いた場合，微調整に手間がかかる上に，標本の重さに耐えきれず油粘土が変形し，撮影中に標本の角度が徐々に変わってしまうことがある。また，撮影後に標本や母岩に油分が染み込んだり，油粘土が付着し，除去に手間がかかることがある（間嶋・池谷1996）。固定用素材として適当な大きさの紙箱またはプラスチックの箱に入れた黒砂（背景を黒色や暗色とする場合）や白砂（背景を白色や明色とする場合）を用いると，標本の固定や撮影時の微調整が容易である。サイズが1〜2 cmの小型の標本では，直接，砂による標本固定を行うと，標本の表面に砂粒が回り込み，撮影に支障をきたすことがある。これを避けるためには，適当な大きさのプラダンの上に標本を両面テープやマスキングテープ，SEM用アルミテープ，油粘土，歯科用シリコンゴムなどで固定し，標本の構図や角度の微調整はプラダンごと，砂箱の上で行うと効率的である（図7.3C）。

□照明　照明には撮影用LEDライトを用意する。通常は撮影用スタンドやアームに固定した左上方からの主照明と，右下方からの副照明の2つを用いる。小型の標本では副照明の代わりにケント紙などで作製したレフ板を用いてもよい（間嶋・池谷 1996）。LEDライトは多数の指向性の高い発光ダイオード（LED）から構成されているため，そのまま使用した場合には多数の影ができる。この対策としては，光源の前にトレーシングペーパーをマスキングテープなどを用いて吊るし，面光源とするとよい。主照明は一般的には起伏の大きな標本の場合には高い位置から当てて副照明を併用し，起伏が小さい標本の場合には低い位置から副照明なしで当てるとよい画像が得られる。

照明の組み合わせや配置には化石標本の状態に応じて様々な方法が考えられ

る。これについては Itano（2005）や Kerp and Bomfleur（2011）に詳しい。

□**撮影用レンズとカメラの設定**　　交換レンズは 35 mm フルサイズ換算で 50 mm 程度の標準レンズと 100〜120 mm 程度のマクロレンズの 2 種類を用意しておくとよい。

　レンズを取り付けたカメラはスイッチを ON にしてから，マニュアルモード（M）＋「絞り優先」の設定とし，焦点深度を深く（ピントが合っている範囲を広く）するため，絞り値を最大まで絞り込む。また，ISO 感度は露出時間と画質との兼ね合いから 400〜1600 の範囲とする。出力される画像は JPG 形式のみ，未処理の RAW 形式，または両方のいずれかから必要に応じて選択する。カメラのシャッタースピード（露出時間）は照明・副照明を当てた状態でカメラのモニターに表示される露出インジケーターで決定するが，明部の白飛びを避けるため，適正値（0）とそれよりも少しマイナス寄りのものを露出時間を段階的に変えて複数枚撮影するとよい。なお，カメラの機種によってはオートブラケット撮影機能が備わっているものがあるので，必要に応じてこの機能を使用する。カラー画像を撮影する場合にはホワイトバランスは自動とする。

□**構図とピント合わせ**　　構図とピント（焦点）合わせを行う場合，はじめに，コピースタンドの台板に載せた砂箱の上に定規を置き，これを目安に DSLC をコピースタンド側のバランスアームの昇降ハンドルごと上下方向に移動させて大まかな構図を決定する。定規の位置が構図から大きくずれている場合には砂箱を前後左右に移動させて調整する。続いて，マクロスライダーの垂直方向のレールの微動ハンドルを回して DSLC を上下方向に移動させ，さらに，カメラのモニターの画像を拡大の上，カメラのレンズのズームリングやピントリングを回して精密にピントを合わせる。ピントが合ったら最初に定規を撮影する（図7.2B）。カラー画像撮影の際には定規とともにカラーチャートも撮影する，次に，標本を砂箱に固定し，各標本の撮影を行う。この際，ピント合わせはバランスアームやマクロスライダーを上下に微動させることにより行い，ズームリングやピントリングを回してはならない。ピントはモニターの画像を拡大し，標本の起伏のほぼ中間くらいで合わせるとよい。シャッターを切る際の手ブレを防ぐためには，レリーズを用いる。レリーズには有線タイプのものと無線タイプのものがあるが，使用するカメラに適合するものを事前に用意しておく。

7.1 化石の撮影方法

なお，カメラの機種によってはレリーズ機能が備わっていない仕様となっているものがあるが，そのような場合にはセルフタイマー機能を用いるとよい。

□**画像処理ソフトによるデジタル処理と図版の作成**　カメラに保存された画像ファイルを PC に取り込んでから画像処理ソフト（ここでは Adobe Photoshop®）による処理を行う。取り込んだ画像は上下が逆転しているため，はじめに 180° 回転させる。多数の画像ファイルに対して同じ操作を行う際にはバッチ処理を行うと楽である。取り込まれた画像データに対しては画像サイズ，色彩モード（グレースケール，RGB カラー，CMYK カラーなど），色調補正（カラー画像の場合），画像解像度，トーン，コントラストなどの調整，レンズによる歪曲の補正，トリミング（余白の消去），複数の画像の合成が可能となる。また，タッチアップや変形も可能であるが，これらの加工は最小限にとどめるべきである。

画像元ファイルをダブルクリックして開いたファイルの画像は「背景」レイヤーに固定されており，加工が困難である。このため，「背景」レイヤーをレイヤー 2 にコピーし，元の「背景」レイヤーを編集＞塗りつぶしにより背景色（例えばホワイト，ブラック，背景色（任意））としておくと，トリミング作業が楽である。トリミング作業は必ず実物標本を見ながら行う。この作業は多角形選択ツールや消しゴムツールを用いて余白を消去することにより行うが，多角形選択ツールの場合には境界のぼかしの値として 1 pixel（ピクセル：px）を入力しておくと，背景との境界が自然となる。

印刷物の入稿に必要な画像解像度は原寸大で 300〜600 ppi（pixel/inch：1 インチ当たりの画素数）である。一方，画面表示のみの場合には 150〜220 ppi 程度の画像解像度で十分である。

レイアウトが終わったデジタル画像には，スケールバーとその長さの値・単位を左下，左上，右上のいずれかの余白に加筆する（図 7.4）。この場合，標本撮影時の 1 枚目の目盛をコピーしたレイヤーを作成しておくとスケールバーの長さの把握が容易となる。データベース用画像の場合には標本番号や学名を余白の一定の位置に加筆してもよい。画像データは後のデータ処理や修正を容易とするため，レイヤー編集機能の保持が可能なファイル形式（例えば Adobe Photoshop 形式）で保存してから，JPEG 形式や TIFF 形式で別途出力・保存する。

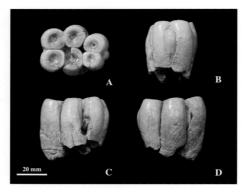

図 7.4 完成したデジタル図版の例
標本は北網圏北見文化センター所蔵の *Desmostylus* sp. (KRMSHA 2-4-AN-1)。同じ標本の向きを変えて撮影した画像を1枚に合成している。

7.1.3 特殊な撮影法

□**焦点合成（focus stacking）**　顕微鏡やマクロレンズでの撮影は，焦点の合う範囲が狭く，資料の手前側にピントを合わせると奥がぼやけてしまう。ピントをわずかずつずらした複数のデジタル画像から，合焦部分のピクセルだけを抽出し，手前から奥まで全体にピントの合った画像をソフトウェアで生成する**焦点合成**を使えば，高倍率・高解像度に加えて深い焦点深度を満たした画像を得られる（7.3節参考；日本自然科学写真協会 2017）。

□**ステレオペア画像（stereo-pair image）**　**ステレオペア画像**とは，視差をもつ2枚の平面画像を左右それぞれの目で見ること（両眼立体視）で，被写体を立体として認識できる画像のセットである（図7.5左）。

　ステレオペア画像を作成するには，資料に対して10～15°の視差（輻輳角）を生じるよう，資料を中心にカメラを横移動および回転して2枚撮影する（図7.5右；岡崎 1978, 1979）。アルカスイス規格のカメラレールやパノラマ雲台を使用すれば，横移動量や回転角の調整に便利である。SEMでの撮影については，鈴木（2013）を参照のこと。後述の3Dデータからステレオペア画像を生成するには，PC画面に3Dデータを表示してスクリーンショットを得た後，オブジェクトを適量回転させて再度スクリーンショットを取得する。

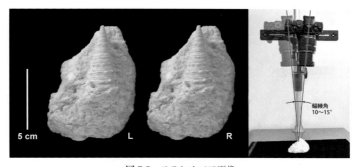

図 7.5 ステレオペア画像
化石腹足類ヨコヤマビカリア（*Vicarya yokoyamai* Takeyama, 1933: GSJ F16924）のステレオペア画像（左：平行法）と撮影方法（右）。

□ **紫外線（UV）撮影（ultraviolet photography）**　化石資料では通常は現生生物にみられるような色彩や紋様は保存されないが，まれに貝類や腕足類，甲殻類化石などの殻にこれらの特徴が保存されていることがある。また，資料によってはUVライト（通称：ブラックライト）を照射することにより，紋様が浮かび上がるものがある（光ルミネセンス，photo luminescence: PL）。このような標本の画像については，LEDライト（7.1.2項参照）による主照明の代わりに，UVライト（波長 $\lambda = 365$ nm）を用いて撮影する。撮影方法についてはKrueger（1974）や小川（2016）を，研究例についてはCaze et al.（2011）を参照されたい。なお，撮影にあたっては，UVライトの光源を見つめたり，UVが皮膚に直接当たらないよう注意する必要がある。

□ **3Dデータ**　化石資料を3次元デジタル化して**3Dデータ**を生成することで，平面的な画像の枠を超えた利用が可能となる。3Dデータを利用すれば，正射影で形状を正確に表現でき，焦点深度の限界もなく，長さ，体積などの計測も容易である。3Dプリンターで資料の模型を出力でき，その際に拡大・縮小や変形が可能である。貴重・脆弱な資料を非破壊・無侵襲で複製したり，3Dデータを電子送信して遠隔地で造形することも可能となる。STL形式やOBJ形式などの3Dデータは，以下のような方法で取得できる。

フォトグラメトリ（本章トピックス「自然史標本の3Dデータ化の可能性」参照）・**3Dスキャナ**は，物体の外面形状を3Dデータ化するもので，3Dデー

タの表面に色を貼り付けられる。ただし，影になっている部分や内部構造の情報は取得することができない。数 cm 以上の資料に適し，歩行跡や化石林のような露頭規模の化石であっても，全体をひとつのデータに入れ込むことが原理的に可能である。

X 線コンピュータ断層撮影装置（X 線 CT 装置） は，対象物の内部構造も3D データ化できるが，色情報を付加できない。微化石の断層画像を取得できる高解像度のマイクロフォーカス X 線 CT 装置から，医療用や工業用途の大型装置まで，様々な大きさの資料の形態情報の取得が可能である。X 線 CT 装置で得られた多数の断層画像から，一般に DICOM Viewer などと呼ばれる3D 画像解析ソフトウェア[1] を利用して 3 次元像の再構成や 3D データの生成を行う。表面形状だけでなく透視立体像を得ることができるので，透視ステレオペア画像の生成や琥珀などの樹脂化石に含まれている化石や母岩に包埋された未クリーニング状態の化石から，化石本体のみの情報を抽出することも可能となる。

〔兼子尚知・松原尚志〕

7.2 植物標本の撮影方法

7.2.1 撮影装置の準備，撮影スペース，使用機材

菌類，地衣類，藻類，蘚苔類，維管束植物は，体サイズの幅は数 mm から数十 m まで幅があるが，標本としては主に定型のさく葉またはパケット標本になるため（1.3 節参照），サイズ差は小さくなり，さく葉もパケット標本も原理上は同じ撮影装置を使用して撮影を行うことが可能である。さく葉標本は標本とラベルが同じ台紙の上に貼られているため，標本のクリーニング作業が終わればすぐに撮影が可能だが，パケット標本は構造上，パケットに入っている標本を取り出してクリーニングを行い，クリーニング終了後はラベル部分を上にしたパケットと標本を撮影台の上に並べ，撮影終了後はパケットに標本を戻

---

1) 断層画像から 3D データを生成するソフトウェアの例
OsiriX. https://www.osirix-viewer.com/（2024. 9. 1 確認）
Molcer Plus. https://white-rabbit.jp/software/product/（2024. 9. 1 確認）

7.2 植物標本の撮影方法

す作業が必要になる。

　植物標本の画像化には，大型フラットベッドスキャナまたはデジタルカメラを使用する方法があるが（Nelson et al. 2015），日本では標本撮影に使える手頃な撮影台が入手しづらい状況があり，これまではスキャナを利用する方法が主流だった。しかしスキャナは読み取りに時間がかかるため，大量の標本を撮影する作業には向かない。兵庫県立人と自然の博物館（ひとはく）は，寄贈された大型植物標本コレクションのデジタル化のため，MILCを使用した撮影装置の開発をNPO法人フィールドに委託し，制作された撮影装置を使って5年で約25万点の植物標本デジタル画像化を完了した（図7.6；Takano et al. 2019も参照）。この撮影装置は，現在岩手大学，東京大学，京都大学，大阪市立自然史博物館の植物標本庫に少しずつ形を変えつつも採用されて各機関で稼働している。

　Nelson et al.（2015）は植物標本デジタル化作業にカメラを採用する場合，ニコンやキヤノン製のDSLR，および純正の50 mmないし100 mmマクロレンズの利用を推奨している。しかしDSLR＋マクロレンズ使用では撮影者がカメラの扱いに習熟する必要があり，またカメラ全体の重量がかさみ自作の撮影台ではシャッターを切る際の微細振動に耐える剛性をもたせるのが困難という欠点がある。次善の策としてMILCと広角レンズを使用して撮影装置をつくる方法がある。この方法では，画像解像度は多少犠牲になるが，撮影台の制作が容易になり，量販型カメラのため撮影経験の少ない方にも比較的容易に撮影

図 7.6　撮影装置と撮影作業の様子

作業が行える利点がある。撮影台の各部分の寸法は，図7.7, 7.8で示した通りである。ひとはくの場合，撮影装置のうち標本置き場は押し切りカッターを改造したもの，カメラの支持台はユキ技研社製LECOFRAME（レコフレーム）を用いて制作したものである。

　植物標本は定型で平面に近い物体なので，カメラの位置と撮影条件をあらかじめ固定で決めることができる。もう1点，カメラマンでなくても高品質な標本撮影作業を可能にしたのは，このとき考案したライティングセットのおかげで撮影開始時の作業が電源を入れるだけになったことによる（図7.7）。ひとはくで採用したのは039社のSH50 Pro-S LEDランプを6灯用いる方法だが，近年様々な撮影用の高演色LED照明が比較的廉価で購入できるようになり，ライティングセットの開発も容易に行えるようになった。ひとはくでは，照明が標本の頭方向から照射され足元方向に光量が減衰するため，足元側および側面に反射板を置き標本全体に同じ強さで光が当たるように工夫した。本章の執筆にあたり再度ウェブを検索したところ，60 cm四方，80 cm四方の物体を撮影できるLED照明付き撮影ボックスが廉価に販売されていた。それらをうまく活用して，カメラ固定台だけを自作することも可能だろう。

　デジタルアーカイブの処理速度は使用機材の性能だけに着目する傾向があるが，作業者がなるべくストレスなく撮影前準備，撮影，撮影後の整理作業まで

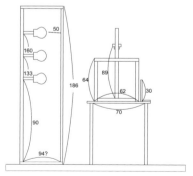

図7.7 ライティングと撮影装置の位置と図面

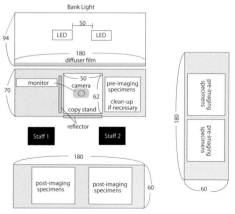

図7.8 ひとはく撮影装置の鳥瞰図

を行えるかという観点で作業動線を整理し，一連の作業をスムーズに行える機材や机の配置にすることも必要である．撮影作業は単純作業の繰り返しになるため，作業者のストレスを減らすことが，結果としてデジタル化作業時の標本破損などの事故を防ぐことにもつながる．例としてひとはくの植物標本撮影台および動線配置を図7.8，撮影された標本を図7.9に示した．撮影前の標本置き場，撮影台，撮影後の標本置き場をコの字に配置し，最小限の動きで標本を移動し，撮影が行えるように配慮している．ひとはくの植物標本撮影装置の配置に必要な面積は約 $27 \mathrm{~m}^2$ だが，撮影に使用できる面積に応じてライティングを天井にセットする，あるいは標本の置き場所をもう少し小さくするなど，狭い面積しかなくても工夫の余地はある．実際に東京大学総合研究博物館の植物標本庫には，ひとはくよりさらに狭いスペースに撮影装置がうまく設置されている．

7.2.2 撮影の作業手順

はじめに，撮影を行う標本をスタジオに運び込み，撮影する順にクリーニング作業を行う．草本類の標本は根の部分に土や砂が挟まっているものが多いの

図 7.9 撮影された植物標本

で，丁寧に取り除く。古い標本の中には標本をとめているテープが剥がれかかっている，ラベルが消えかかっている，虫に食われている，食われた植物の残骸や糞などが残るものがある。このような標本をクリーニング，あるいは補修する作業は，分類群によっては撮影よりも大幅に時間をとられる。そのため，撮影速度は一定にはならない。クリーニングが終わった標本は，順次博物館固有の ID（バーコード，2次元コードなど）をつけて撮影を行う。どの分類群を撮影しているかわかるように，はじめに標本をまとめているジーナスカバーを撮影し，それからカバー内の標本を順次撮影していく。撮影後の標本はジーナスカバーに戻し，冷凍燻蒸（後述）ないし薬剤燻蒸を経てから収蔵庫に戻す。撮影は RAW + JPEG で行う。1日の撮影終わりには，日付の名前をつけたフォルダに画像ファイルを一式保管する。バックアップデータとして，何月何日にどの分類群の撮影を行ったか，専用ノートを準備して日々記録を残す。RAWファイルは「デジタルのネガフィルム」とも呼ばれ，センサーが記録したすべての非圧縮かつ未加工のデータが保存されている。対して JPEG は不可逆圧縮されたファイルでサイズも手頃で扱いやすいが，圧縮されたデータを元に戻すことはできない。撮影が進んだらファイル名を博物館 ID に変換したのち（後述），RAW ファイルは長期保存用 SSD に保存し冷暗所に SSD を保管する。JPEG ファイルはコピーをつくり，博物館のウェブサイト公開や標本ラベルデータ読み取りなどに使用する。

■ 7.2.3　ファイルリネーム

撮影画像ファイルにはデフォルトの名前が付与されるが，そのままでは活用しづらいのでファイル名のリネーム作業を行う。基本的には博物館 ID 番号に変換しておくのが，だれにもわかりやすい。図7.9でみたようにさく葉標本は縦長だが，デジタルカメラの画像は横長のため植物標本は通常横向きに撮影する。したがってファイルリネーム作業は，画像ファイルの縦横変換から始まる。画像が少数であれば手動でファイル名変換もできるが，1日何百枚も撮影している場合は現実的ではない。カメラと PC を接続してテザー撮影に設定し，カメラから撮影画像が PC に転送される際，バッチ処理でファイル名を決められた形式にリネームされるように設定すると便利である。博物館 ID 管理にバー

コードを用いているなら，画像に写ったバーコードを読み取り，ファイル名を
バーコード番号にリネームしてくれるソフトウェア（例えばカーネルコン
ピュータ社製の RS2BAR）を使用して，撮影後にまとめてファイルリネーム
を行うことも可能である。

7.2.4　撮影後の標本処理

　標本撮影を行った印として，標本のジーナスカバーの隅にシールを貼り付け
る。その後チャック付きビニール袋に密封し，−20℃ のバイオフリーザーで
3 日間冷凍燻蒸を行った後，常温に戻してから収蔵庫に戻す。　　　〔髙野温子〕

7.3　昆虫標本の撮影方法

7.3.1　昆虫標本とデジタルアーカイブ化

　昆虫は既知の種だけで 100 万を超え，全動物種の 7 割以上を占める巨大な生
物群である。種数に加え個体数も著しく多く，生物多様性においても重要な位
置を占めている。ゆえに**昆虫標本**は自然史研究に必要不可欠であるが，①乾燥
標本で破損しやすく，②昆虫によりサイズや形態が大きく異なり，③（他の自
然史資料と比較しても）標本数が多い，という点が管理上の負担となっている。

　昆虫標本の**デジタルアーカイブ化**には，「破損する恐れがなく」「昆虫ごとに
管理やハンドリングを変える必要もなく」「一度に多くのデータを取り扱うこ
とが可能で比較も容易」などのメリットがあり，また近年の撮影機材とデジタ
ル技術の進歩で博物館の現場への導入も容易になってきている。

7.3.2　撮影に使用する機材

　昆虫標本の撮影において，実際に使用する機材の詳細について具体的に説明
する（図 7.10）。

□**デジタルカメラ**　　画像をデジタル化して記録するカメラ。様々なタイプが
あるが博物館の現場において撮影に使われるのは，レンズ交換式のデジタル一
眼レフ（DSLR）もしくはミラーレス一眼（MILC）が多い（この 2 タイプを

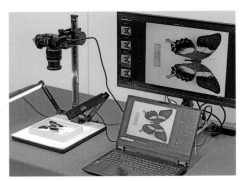

図 7.10 昆虫標本撮影に使用する機材（撮影セットの例）（写真提供：OMデジタルソリューションズ株式会社）
使用機材：デジタルアーカイブ向けカメラRシステム（OMデジタルソリューションズ株式会社）。

あわせてデジタル一眼（DSLC）と呼ぶ場合もある）。MILC は，DSLR からミラー部分を取り除きファインダーとシャッターを電子化することで小型軽量化したタイプである。かつて MILC は，DSLR より機能的に劣るとされる風潮があったが，近年の技術進歩により，その差はほとんどなくなっている。むしろ室内の限られたスペースで撮影を行う標本撮影においては，機材を小型化できるメリットに加え，機体の電子化が進み最新のデジタル技術とも融和性の高い MILC の方がまさる場面が増えている。

　昆虫標本の撮影では，被写体に対しピントの合っている部分の奥行きを意味する**被写界深度**が重要となる。被写界深度は一般的に，被写体が小さく撮影距離が短くなるほど浅くなるため，**マクロレンズ**による接写が中心となる昆虫撮影では，どうしてもピントの合う幅が狭くなってしまう。この被写界深度の深浅に大きく関係するのが，デジタルカメラの**イメージセンサー**（撮影素子）の大きさだ。DSLC に用いられる撮影素子は，大きい方からフルサイズ（36 mm × 24 mm），APS-C（23.5 mm × 15.6 mm，22.3 mm × 14.9 mm），マイクロフォーサーズ（17.3 mm × 13.0 mm）の 3 種類がある。イメージセンサーが大きいほど画素数が増え総合的な画質は高くなるが，逆に被写界深度は浅くなってしまう。フルサイズとマイクロフォーサーズにおける被写界深度を比較した場合，

7.3 昆虫標本の撮影方法 131

約2段[2]分の差があるとされる。そのため昆虫標本の撮影では，画質と被写界深度のバランスを考えたカメラの選定が必要となる。

□**使用するレンズ** 昆虫標本の撮影では，接写（マクロ撮影）用に設計され精密な描写に定評のあるマクロレンズを主に使用する。特に昆虫標本撮影で使用するのは，標準マクロレンズ（フルサイズ：50～60 mm，APS-C：30～35 mm，マイクロフォーサーズ：30 mm）か，中望遠マクロレンズ（フルサイズ：90～120 mm，APS-C：60～90 mm，マイクロフォーサーズ：45～60 mm）が多い。また近年は，高性能で明るい（F値が小さい）マクロ撮影も可能なズームレンズが増えている。チョウ類やガ，大型甲虫類などの大きなサイズの昆虫撮影では，画質的にマクロレンズと比較しても遜色なく，むしろ使い勝手ではまさる場合もある。**ズームレンズ**の場合は，ズームの中間域であるフルサイズ換算で焦点距離50 mm周辺（APS-C：33 mm，マイクロフォーサーズ：25 mm）が，画質的にも優れ，標本撮影に適している。

□**コピースタンド，三脚** デジタルカメラの固定に使用する。**コピースタンド**は，資料や標本などを俯瞰で撮影するためカメラを下向きに固定する器具であり，複写台，カメラスタンドとも呼ばれる。被写体を載せる台とカメラを固定する支柱で構成され，カメラの位置（高さ）はダイヤルやレバーで調節できる。被写体となる標本の大きさにあった台の広さ，使用するレンズの焦点距離と撮影距離に合わせた支柱の高さ，カメラの重量に合った耐荷重を考えて購入する製品を選ぶ必要がある。また，カメラ用の三脚でも同様の俯瞰撮影が可能である（図7.11）。コピースタンドよりセッティングの手間はかかるが，未使用時はコンパクトに収納可能で，真上以外での角度からの撮影が可能というメリットもある。

□ **LED照明** 昆虫標本の撮影では，マクロストロボなどの接写用スピードライトを使うことが多い。しかし，近年の**LED**における技術進歩はめざましく，明るく高性能の撮影用LEDライトが安価で購入できるようになってきた。そのため，昆虫標本の撮影でもストロボではなくLEDを使用するケースが増えている。昆虫標本撮影におけるライティングの基本は，標本に光がしっかり当

---

2) 段：写真撮影において露出（光の量）を示す単位。EV（exposure value）ともいわれる。

図 7.11 三脚を使用した撮影方法
使用機材：カメラ OM SYSTEM OM-1　レンズ M.ZUIKO DIGITAL ED 12-45 mm F4.0 PRO（OM デジタルソリューションズ株式会社）。

たっており立体感と光沢があること，そして標本の下に影が出ないよう（目立たないよう）にすることである．そのためには，点ではなく面光源のライトを用いて左右から交差するように当てるのが一般的である．撮影後すぐに結果を確認できるデジタル撮影における LED 照明の導入は，ライティングの効果をリアルタイムで確認できるだけでなくライトの角度や距離，影の出方などの微調整が簡単で，撮影へのフィードバックを迅速に行えるという大きなメリットがある．

□**標本撮影台**　昆虫標本をしっかりと固定し，撮影時の位置合わせのために使用する台．既製品ではなく，ペフ板（白色ポリフォーム）を標本の大きさに合わせてカットし，薄い木板や発泡スチロールなどで裏打ちして作成するのが一般的である．また，ホームセンターなどで手に入るノンカットの清掃用メラミンスポンジ（メラミンフォーム）も撮影台の材料として適している．加工しやすいだけでなく，光を吸収する特性があり照明やフラッシュの影が目立ちにくいという利点もある．

□**ノート PC**　デジタルカメラとノート PC を接続し，PC 上でカメラの操作，絞りやホワイトバランスなどの設定，撮影画像の確認を行う．撮影時の振動ブレを防ぐだけでなく，撮影時の作業効率が飛躍的に向上する．詳細は後述のテザー撮影において紹介する．

7.3.3 標本撮影におけるテクニック

実際に昆虫標本撮影とデジタルアーカイブ化を行う上で，有用なテクニックと撮影手法について紹介する。

□**テザー撮影**　テザー（tether）撮影とは，デジタルカメラをノートPCなどの外部デバイスと接続し，そのデバイス上でカメラの操作と撮影画像の確認を行う撮影方法である。近年のDSLC，特にMILCとPCとの接続は簡単で，必要なソフトも各カメラメーカーから無償で提供されている。あとはノートPCと接続ケーブル（長さ2m以上，USB3.0以上推奨）があれば，すぐにでもテザー撮影を始めることができる。そのメリットは絶大で，カメラ側の映像をPCで確認しながら撮影することで標本の位置合わせやシビアなピント調整もスムーズに行うことができ，撮影後の画像確認では細部まで拡大してチェックできるため撮影ミスを大幅に減らすことができる。ノートPCに外部ディスプレイを接続し，ノートPC画面を撮影時のカメラ操作用，外部ディスプレイを撮影画像の確認用に使い分けることで作業効率はさらに向上し，特に複数人のチームで連携して撮影を行う場合，離れた場所からでも撮影の結果と進行の共有が可能となる。

また後述する深度合成やハイレゾショット撮影において，カメラ操作と撮影（合成）画像の確認をスムーズに行うためにはテザー撮影は必要不可欠である。

□**深度合成（焦点合成）撮影**　昆虫のような小さな被写体の撮影では，どうしても被写界深度が浅くなり全体にピントを合わせるのが難しい。そのため，撮影時にカメラを絞る（F値を大きくする）ことが必要になるが，絞りすぎると今度は光の回折現象により画像のシャープさが失われてしまう（小絞りボケ）。このジレンマを解決するために用いられている方法が**深度合成（フォーカススタッキング）**撮影である。これは，ピントの位置を少しずつ変えて撮影した複数枚の写真から，ピントの合った部分だけを合成する技術であり，広い範囲にピントがあったシャープな画像を得ることが可能となる。深度合成を行うためには，従来はカメラ（もしくは被写体）をマクロスライダーなどの微動装置で操作しながら撮影する必要があった。しかし最近のDSLCには，ピントの位置を変えて撮影する機能(フォーカスブラケット，フォーカスシフト)や，カメラ内で自動的に深度合成画像の生成を行う機能を備えているものもあり，

特殊な機材を必要とせずカメラの機能のみで深度合成撮影が可能である（図7.11, 7.12）。またかつては，手動で微調整する必要があったピントの間隔（フォーカスステップ）や撮影枚数についても，カメラ側の設定で自由に設定できるようになっている。

□ハイレゾショット撮影　　ハイレゾショットは，センサーサイズを超えた高解像度写真を自動で生成するデジタルカメラの機能の一つである。マイクロフォーサーズ規格のMILCであるOM-1（OMデジタルソリューションズ社製）のハイレゾショットモードでは，カメラの撮像センサーを精密（0.5ピクセル単位）に移動させながら合計8回の撮影を行いカメラ内で合成する。この機能を使用することで，2000万画素のセンサーサイズのカメラ（撮影画像：5184×3888ピクセル）で，8000万画素相当（8枚合成：10368×7776ピクセル）の画像が撮影可能となる。これは，カメラのイメージセンサーを動かして撮影時の手ブレを補正する機能を応用したもので，リアル・レゾリューション・システム（ペンタックス），ピクセルシフトマルチ撮影（ソニー）など，名称は異なるが様々なメーカー製のMILCで導入されている。撮影に必要な機材は通常の標本撮影セットで十分で，この機能のあるカメラであれば設定を変えるだけでハイレゾショットの撮影が可能となる。昆虫標本の撮影時などで，より高解像度の画像が求められる場合に非常に有効な撮影方法といえる。〔奥山清市〕

図7.12 深度合成撮影の様子（写真提供：OMデジタルソリューションズ株式会社）
使用機材：デジタルアーカイブ向けカメラRシステム（OMデジタルソリューションズ株式会社）．

トピックス	自然史標本の 3D データ化の可能性

　7 章で紹介した種々の標本画像は，自然史標本・資料の劣化を防ぎながら高度に活用する上で有力なコンテンツである。一方，被写体をある特定の視点から計測した 2 次元情報であり，立体構造を十分に伝えることができない欠点がある。立体構造を伝えるためには，標本の 3 次元情報を測定し，3D モデルとして記録・伝達する方法が必要である。3D モデルは，観察者の思うような視点から，拡大縮小しながら観察することができるという，標本画像にない利点がある。

　3 次元情報の測定手法としては 3DCT スキャンがよく知られている。例えば，古生物の分野では，化石の立体構造を 3DCT スキャンで計測して 3D モデルを作成し，非破壊的に解析する研究が 1970 年代後半から試みられてきた。現在ではそれは一般化しており，その成果は化石のタイプ標本の 3D データ公開サイト（GB3D Type fossils[3]）などで閲覧できる。しかし，撮影可能な被写体のサイズはスキャナのサイズに依存することや，学術研究に求められる高精細なスキャンが可能な大型の 3DCT スキャナは非常に高価で，多くの博物館に設置するのは難しく，外部の専門業者に測定を委託する必要があるといったデメリットがある。

　このような使い勝手，コストのデメリットを回避できる手法の一つに 3D フォトグラメトリがある。3D フォトグラメトリとは，対象物を全方位から満遍なく写真撮影して多数の画像を取得し，SfM（structure from motion）ソフトを用いてコンピュータ解析して対象物の立体構造を算出し，3D モデル（3 次元コンピュータグラフィックスモデル）を構築する手法である。そのため原理的には，対象物がどのようなサイズであっても全方位からの写真画像のセットが得られれば 3D モデルを作成できる。標本デジタル画像と同様に，撮影したデジタル画像の精度が 3D モデルの精度に影響を及ぼすため，高品質なモデルの作成には精度の高い写真撮影技術やそれを支える機材（2000 万画素以上の高解像度デジタルカメラ，撮影用ライト，暗幕など）が必要になる。

　本手法で用いる道具は，上記の撮影機材のほかに，SfM ソフトおよび高

---

3)　https://www.3d-fossils.ac.uk/（2024. 5. 1 確認）

性能 PC であり，3DCT スキャナに比べれば低予算で取得できる。しかし，精度の高い 3D モデルを作成するためには，高度な解析が行える有償の SfM ソフト（3DF Zephyr[4]，Agisoft Metashape[5]，Reality Capture[6] など）が必要で，高性能な PC には画像処理能力の高いグラフィックボードの搭載が不可欠となる。現段階では博物館で一般的な手法となるには費用面で課題が残るものの，Reality Capure は 2024 年 5 月より教育機関，学生向けのものが無料で利用できるようになったほか[7]，無償の SfM ソフト（Meshroom[8] など）も公表され，形状が単純で撮影写真点数が少なくてすむような被写体であれば，標準的な性能の PC でも 3D データの作成に挑戦できるようになったため，様々な館でその取り組みは広がりつつある。

　自然史標本の 3D データをウェブ上で無料公開する館は増えており，そのプラットフォームとしては Sketchfab[9] が用いられている。例えば，オックスフォード大学自然史博物館 (Oxford University Museum of Natural History) や，クリーブランド自然史博物館（Cleveland Museum of Natural History）などはこのサイトを利用して自館コレクションの 3D モデルを公開している。日本でも国立科学博物館が哺乳類剥製コレクション（ヨシモトコレクション）の 3DCG モデル[10] を，大阪市立自然史博物館が化石の 3DCG モデル[11] を公開している。

　自然史標本の 3D データは VR ゴーグルなどを用いることでよりリアリティの伴った利用が可能になる。学術的活用だけでなく，標本を詳細に観察する教育的活用や，インターネット上の仮想空間に配置することでその景観を豊かにする装飾的活用，ゲームでの空間やアイテム，キャラクターの素体として利用するなどの娯楽的活用などが想定され，自然史標本の 3D データ化は，博物館資料の新しい価値を開拓する可能性を秘めている。〔橋本佳延〕

---

4)　https://www.3dflow.net/3df-zephyr-photogrammetry-software/（2024. 5. 1 確認）
5)　https://www.agisoft.com/（2024. 5. 1 確認）
6)　https://www.capturingreality.com/（2024. 5. 1 確認）
7)　https://www.unrealengine.com/ja/blog/we-are-updating-unreal-engine-twinmotion-and-realitycapture-pricing-in-late-april（2024. 8. 1 確認）
8)　https://alicevision.org/（2024. 5. 1 確認）
9)　https://sketchfab.com/（2024. 5. 1 確認）
10)　https://sketchfab.com/KAHAKU（2024. 5. 1 確認）
11)　https://sketchfab.com/OMNH（2024. 5. 1 確認）

8

自然史資料の公開データベース

　自然史資料のデジタル化が進むにつれて，自然史標本の同定・鑑定に役立つウェブサイトが多々制作され公開されている。本章では，自然史関連の有用な各種データベースについて，利用方法とあわせて紹介する。

8.1　S-Net，GBIF，その他自然史資料に関するデータベース

　自然史博物館が収蔵する標本は，実物付きの在データ（エビデンスデータ）である。生物多様性保全や SDGs が叫ばれる現在，自然史博物館のもつ標本情報や標本画像の公開と発信は社会から求められており，改正博物館法の趣旨にも則っている。自然史資料のデータベース（DB）をウェブで公開する試みそのものは，インターネットが普及し始めた 1990 年代後半から国内のみならず世界中で始まっていた。当時はインターネット通信速度もパソコンの処理速度にも限りがあり，テキストだけの公開が多く，資料の画像付きで公開されたDB は限られていた。2001 年に OECD のメガサイエンス・フォーラムの勧告に基づき，世界中の生物種の多様性に関する情報を蓄積し供給することを目的に，**地球規模生物多様性情報機構**（Global Biodiversity Information Facility: GBIF）という国際プロジェクトが発足した。日本は GBIF 発足時から参加し，生物多様性情報の蓄積，共有，組織運営など様々な形で GBIF の活動に貢献し，台湾とともに GBIF アジア地域をけん引してきた（大澤ほか 2021）。GBIF のURL[1] では世界中から集められた約 26 億 4000 万件（2024 年 3 月）の観察情報や標本情報が検索・閲覧できる。一部のデータには画像も添付されている。

GBIF の日本拠点である **JBIF**（Japan Initiative for Biodiversity Information）は，日本医療研究開発機構の運営するナショナルバイオリソースプロジェクト（NBRP）の支援によって活動しており，中核機関である国立科学博物館と国立遺伝学研究所が日本国内の地方博物館などの関連機関から拠出された生物多様性情報を集約・整形し GBIF にアップロードする作業を行っている。また国内向けに，日本語で国内の博物館などの収蔵標本情報検索システムであるサイエンスミュージアムネット（S-Net）[2] を公開しており，国内の 100 以上の関連機関が所蔵する約 735 万件（2024 年 1 月現在）の生物標本情報を検索することができる。国内最大の生物多様性情報を集約した DB であり，条件検索の機能もわかりやすく，標本情報を地図上にプロットすることもできる。研究機関ごとのデータセット検索や，データを拠出している国内博物館にどのような分野の学芸員が在籍しているかを調べることも可能である。

　その他，国立科学博物館はタイプ標本 DB をはじめ動物・植物・地学・古生物分野の標本・資料 DB を公開している[3]。分野によって S-Net と同様に標本のラベル情報のみが公開されているものから，個々の種の分布がわかる分布 DB，特定の地域の生物オンライン図鑑，鳥類の音声図鑑など，多種多様な DB があり，充実している。東京大学総合研究博物館のウェブサイト[4] も，動物・植物・古生物分野の様々な DB が公開されている。都道府県立の自然史博物館でも自館ウェブサイトで収蔵資料 DB を公開している。標本ラベルデータのみの公開が多い中で，神奈川県立生命の星・地球博物館は，収蔵資料 DB のほかに哺乳類，鳥類などから昆虫，クモ類まで動物の画像 DB が充実している[5]。その他の同定の参考になるウェブ DB としては，日本をはじめとするモンスーンアジアの淡水魚や淡水生物を美しい写真で紹介しているフィッシュアジア[6] などがある。特定の生物群や分野で同定や参考になる主だった DB については，以降の節で順次紹介していく。　　　　　　　　　　　　　　　　　〔高野温子〕

---

1) https://gbif.org/ja/（2024. 8. 1 確認）
2) https://science-net.kahaku.go.jp/（2024. 5. 1 確認）
3) https://www.kahaku.go.jp/research/specimen/index.html（2024. 5. 1 確認）
4) https://www.um.u-tokyo.ac.jp/web_museum/database.html（2024. 5. 1 確認）
5) https://nh.kanagawa-museum.jp/www/contents/1598943943023/index.html（2024. 5. 1 確認）
6) https://ffish.asia（2024. 5. 1 確認）

8.2　jPaleoDB（日本古生物標本横断データベース）

　近年の博物館は，所蔵する標本資料の利用を活性化する方法の一つとして，インターネットを通じてその情報を積極的に発信している。本節で筆者が紹介する日本古生物標本横断データベース（Japan Paleobiology Database: jPaleoDB）[7]の特徴は，このような国内の大学，博物館，資料館など，別々の機関で公開されている標本情報を横断的に一括して検索し，一覧表示できることである。2024年7月現在，jPaleoDBの参加機関は50機関，標本情報の収録件数は約44万件である。jPaleoDBは，国内の博物館や，大学，資料館などにある古生物標本の所蔵情報に関するネットワークを構築することを目的に作成された（図8.1）。jPaleoDB構築のきっかけは，全国にばらばらにある標本情報が一覧できれば，標本が見つけ出しやすくなり，標本利用が活発になるのではないかという考えに基づくものである。なお，jPaleoDBは，国の機関や学会などの大きな組織ではなく，研究者グループによる研究プロジェクトの一つとして構築・運営されている。

図 8.1　jPaleoDB（日本古生物標本横断データベース）の概念図

7）ジェイ・パレオ・ディービー。https://jpaleodb.org/ （2024. 8. 1 確認）

8.2.1　基本的な標本検索機能

　jPaleoDB の基本的な用途は，一般的なデータベース（DB）と同様に，「キーワード検索」や「詳細検索」といった検索である。利用者は，検索したい標本に関する学名や産地などのキーワードを検索フォームに入力する。詳細検索では，学名，タイプ標本，高次分類，産地，地層，地質時代，文献などの項目に分かれている。検索結果は，全国の所蔵機関から該当する標本をまとめて一覧表示する。探している標本の所蔵先をピンポイントで探せるだけではなく，例えば，調べている標本と同じ学名の標本が全国にどのくらいあるのかを一覧して見ることもできる。その上で，一覧表示された検索結果の各標本レコードにある［標本情報］ボタンをクリックすると，所蔵機関オリジナル DB の当該標本ページにリンクしており，そこで詳しい情報を閲覧できる仕組みになっている。リンク先に画像情報がある場合にはそれもわかるようになっている。

8.2.2　文献による標本検索機能

　jPaleoDB は，上記のような学名，産地といった一般的な検索項目のほかに，重要な機能として，論文など文献からも標本が検索できる「文献検索」の機能を備えている。利用者は，検索したい文献の著者名，出版年，タイトル，雑誌名，書籍名などのキーワードを検索フォームに入力する。文献検索結果に［標本リスト］ボタンが出現した場合は，その文献で使われた標本の所蔵情報があることを示しており，クリックすると標本の所蔵情報が一覧表示される。あとは，標本検索の際と同じで，当該標本の［標本情報］をクリックすると所蔵機関 DB の標本詳細ページにリンクし，詳しい情報を参照することができる。当該文献が電子ジャーナルなどインターネット上で閲覧できる場合は，そのサイトへのリンクも表示されるようになっている。前項で述べた基本的な標本検索の結果においても，当該標本を使った文献に関する情報がある場合は，画面に表示された一覧の文献項目欄に［標本リスト］ボタンが出現し，文献検索の結果と同様に，その文献で使われた標本の所蔵情報が一覧できる。

　古生物（化石）標本の利用者の多くは，論文，図鑑，図録などの出版物で記載・紹介された標本，特に写真や図版で紹介された標本を探している。その目的は，種の同定の際の比較はもちろんのこと，研究，教育や，展示などのため

に閲覧したり，再利用したりするためである。特に論文で記載された「証拠標本（voucher specimen）」は，これまでになされてきた研究の証拠であり博物館などでの保存が望まれる。新種記載の際に基準となるタイプ標本などは国際的な命名規約で安全な保管が勧告されている。そのため，文献で記載・図示された標本に関する所蔵情報は最も重要度が高い。jPaleoDB の研究プロジェクトでは，古生物学の論文に記載された証拠標本に関する所蔵情報の調査，整備も進めている。jPaleoDB には，2024 年 7 月現在，古生物関係の文献情報について約 1 万 6500 件を収録・公開するとともに，これまでの研究プロジェクトによる標本の所蔵調査や文献調査に基づき，約 10 万件の標本情報について記載文献を付記し，検索できるようにしてきた。

8.2.3 jPaleoDB の現在

　jPaleoDB の収録データは，それぞれの参加機関で独自に作成された標本情報をもとにしており，入力項目などの内容はそれぞれで異なる。そのため，各所蔵機関より提供されたデータの整理，統合は，自動的，機械的な方法ですべてを対応させることが難しく，基本的に人力によって整理している。標本の文献情報も同様で，公開されている画像の分析や，実地で所蔵確認をしながら，その調査結果を jPaleoDB に反映させている状況である。現状，jPaleoDB は，まだ構築途上の DB であり，しばらくは全国の古生物標本の所蔵状況を大まかに把握したり，見たい標本の当たりをつけたりするために役立ててもらえれば幸いである。　　　　　　　　　　　　　　　　　　　　　　　　　〔伊藤泰弘〕

8.3　昆虫類のデータベース

　日本の博物館や大学などの研究機関がそれぞれのウェブサイトで公開している昆虫分野のデータベース（DB）には，標本のラベル情報のみ掲載していることがほとんどである。なかには，学名や和名などの分類情報，形態や生態，分布などの種に関する情報，そして標本画像を掲載しているものもあるが，基本的に種の同定を第一目的としたものではない。そのため，主な利用者は，相

応の昆虫学的な知識をもつ専門家と想定することができる。それに対し，DB
の概念から外れるかもしれないが，例えば，専門家による個人サイトや研究会
などの学術団体が作成したウェブサイトには，種の同定を目的としたものが散
見される。画像情報が豊富に盛り込まれた検索表があり，やや専門的であるも
のの，同定に役立つ情報が多く含まれている。こうしたサイトは昆虫に興味の
ある一般の方も活用しやすい。

　残念なことに，昆虫の分野では，分類，形態，分布，生態などの情報が網羅
的に掲載され，さらに種の同定もできる昆虫全般を対象とした DB は存在しな
い。また，公開されているそれぞれの DB は互いに独立しており，その形式も
作成者や分類群によって多岐にわたるため，利用者が個別にそれぞれにアクセ
スして情報を得なければならない（中谷ほか 2012）。各種情報をまとめた DB
も構築されつつあるが，いまだ乱立している状況であるため，利用者が目的に
合わせて有用な DB やウェブサイトを見つけ，活用するのが現実的である。

　地方博物館やその他研究機関の資料 DB には，近年，様々な機能が実装され，
充実した内容になりつつあるが，非常に多岐にわたるため，ここでは標本情報
以外に様々な情報を包括した DB として代表的なもの，研究に有用なもの，種
同定に役立つものを取り上げることとしたい。いずれも 2023 年 7 月 30 日時点
の情報である。

　なお，日本昆虫学会によって，学術的昆虫学分野および一般向け昆虫学教育
普及分野に関する優秀なウェブサイトに対し，「あきつ賞」が授与されている。
受賞したウェブサイトは種の同定以外にも昆虫に関する有益な情報が載ってい
るため，ぜひ参考にされたい。

■ 8.3.1　研究機関によって作成された総合的なデータベース

　地方自然史博物館や大学博物館以外の研究機関によって作成された総合的な
DB を紹介する。

□ 昆虫データベース統合インベントリーシステム（Insect Inventory
Search Engine）　　農業環境変動研究センターによる，標本情報や分類群情
報，生態情報，DNA 関連情報，文献情報などの DB を相互に関連づけた包括
的な昆虫情報 DB。将来的には応用昆虫学分野におけるデータバンクとしての

役割を目指している（中谷ほか 2012）。

□**昆虫学データベース（KONCHU）**　九州大学大学院昆虫学教室が構築した日本およびアジア，太平洋地域産昆虫（クモ・ダニ類を含む）に関する種情報 DB。文献，画像，目録，学名和名辞書，タイプ標本，DNA バーコード，歴史的な個人コレクションの DB など，あらゆる DB を内包したウェブサイトとなっている。

■ 8.3.2　専門家個人または学術団体が作成したデータベースやリスト

　種の同定を目的としたものではなく，対象分類群を体系的にリスト化したものを紹介したい。学術的に非常に有用で，最新情報が常に更新されているため，研究者にとっても活用・引用しやすい。

□**日本列島の甲虫全種目録（2023 年）**　2023 年時点で公表されている日本産甲虫類の総目録。各種図鑑や近年の『日本昆虫目録』（日本昆虫目録編集委員会 2013-2020）の情報をすべて拾っており，さらに最新論文に基づいて随時更新されている。出典や根拠もきちんと明示されているため，学術的な利用価値は高い。

□**日本産ダルマガムシ科分布記録データベース**　分布記録に特化した DB。種ごとに島嶼別，県別の分布情報が地図上に示されるため，視覚的にもわかりやすい。

□ **List-MJ 日本産蛾類総目録**　日本産蛾類全種のリスト。日本産種に関する論文や報文の最新情報をもとに更新されているため，日本産蛾類の電磁的目録として最も信頼性が高い。

■ 8.3.3　種の同定に役立つデータベースやウェブサイト

　一般の方にも使いやすい DB やウェブサイトを分類群ごとに紹介する。ウェブ図鑑と謳っているものには，基本的に写真が豊富に揃っていて画像検索できるものが多い。絵合わせで同定できる場合もある。紙面の都合上，紹介をごく一部に限った。

　a. コウチュウ

□**日本産ゾウムシデータベース**　日本ゾウムシ情報ネットワークによって作

成された DB。和名，学名，加害植物，分布など各項目の検索以外に，画像検索も可能。種の情報は画像付きで確認できる。

□ **Web 版ネクイハムシ図鑑，山陰のヒメドロムシ図鑑，日本産ヒラタドロムシ図鑑**　　いずれも林成多氏（ホシザキグリーン財団）によって作成されたもので，山陰地方に産する種を対象としたものが多い。写真や図による検索表が多数掲載されている。上記以外にも複数の有用なウェブサイトが存在する。

□ **CLAVICORNIA くらびこるにあ**　　日本のケシキスイ類専門の個人サイト。ウェブ図鑑を目指しているとあり，画像付きの詳しい種の解説以外に，検索表や文献リストが掲載されている。種の同定だけでなく，研究目的としても有用。

b. チョウ，ガ

□**みんなで作る日本産蛾類図鑑**　　「蛾像掲示板」に投稿された蛾類の画像をもとに作成されたウェブ図鑑で，前述の「List-MJ 日本産蛾類総目録」と連携している。画像を一覧形式で閲覧でき，様々なキーワードで検索することもできる点で利便性が高い。

□**イモムシ・ケムシ図鑑**　　チョウやガのイモムシ，ケムシのウェブ図鑑。分類群ごとに検索できるほか，季節別に検索することができる。使い方がシンプルなので，一般の方でも利用しやすい。

c. ハチ，アリ

□ **Information station of Parasitoid wasps**　　寄生蜂の分類学者たちによる専門のサイト。分類群は限定されるが検索表と写真を備えたウェブ図鑑もあり，"寄生蜂の情報発信の駅"として，寄生蜂の魅力や面白さを伝えている。

□**寄生蜂画像データベース Image Database of Parasitoid wasps**　　寄生蜂多様性情報学プロジェクトチームによるもので，上記と連動しているが，本サイトは画像掲載に特化している。

□**日本産アリ類画像データベース**　　アリ類データベース作成グループによる精緻な画像を中心とした DB。アリ学入門，用語の解説，日本産アリ類の名前索引など，アリに関する豊富なコンテンツだけでなく，様々な検索方法も用意されている。

8.4 植生資料データベース　　　　　　　　　145

d. トンボ

□**神戸のトンボ**　　兵庫県と近隣地域のトンボを種ごとに豊富な生態写真を用いて解説している。日本産種の成虫とヤゴ羽化殻のデジタル図鑑もあり，トンボに関する圧倒的な情報量を備えたサイトである。デザインも凝っており，視覚的に楽しめる。

e. トビケラ

□**トビケラ専科**　　日本産の種リストに加え，成虫写真も掲載されている。画像一覧から絵合わせで近い仲間を調べることができる。

f. バッタ

□**バッタラボ**　　日本産バッタ目各種の写真，生態，分布，飼育情報が解説されている。白背景（白バック）の写真が採用されており，たいへん見やすい。豊富な幼虫写真も同定の助けとなっている。　　　　　　　　　　〔山田量崇〕

8.4　植生資料データベース―物理的に収蔵できない自然の姿を後世に伝える観察資料―

　地域の自然史を深く理解するためには，野外での自然の状態や現象を観察し記録した資料も有益である。観察情報には，生物個体の目撃情報や植生などの生物群集の状況の記録，景観や生物種の絵画，スケッチ，写真，動物の鳴き声を収めた音声，動物の行動を記録した動画などがある。

　生物，生態，群集に関する情報の多くは写真や動画，音声記録によっても十分に捉えることができるが，植生については専門家が観測し，現地でその結果を調査用紙に記録する方が解像度の高い情報を伝達できる。植生とは，まとまった量の植物が集まり土地を覆った状態（植被）を保持しているもので，森や草原などがそれにあたる。立地環境によって種組成（植生を構成する種の組み合わせ）のパターンは異なり，複数の植物種が共存して成り立っているものもあれば，単一種で成り立っているものもある。このような植生の種組成や立体構造，構成種ごとの分布量について，植物社会学的方法で調査して記録したものが植生調査資料（図8.2）である。植生調査資料には，植物標本では得られない，サイズ・量，他種との共存の様子といった情報が記録され，植物分布情報とし

ての利用も可能な在・不在データを含んでいる。

　植生調査資料をたくさん集めるとどんなよいことがあるだろうか。過去の植生調査資料の蓄積は，我々が暮らす環境がどのように変化してきたかを知る手がかりとなる。例えば，今は開発されコンクリートで覆われている場所にかつてどのような植生が成立していたかを知るには，開発前の植生調査資料が有益な情報となる。また，様々な地域で調査された植生調査資料を蓄積し比較分析することにより，植生の種組成の地理的変異，立地環境による変異を知ることができる。学術目的以外にも環境影響評価や保全計画策定，生物多様性に配慮した緑地の創出の際の見本など，生物多様性の保全に関わる社会活動の用途での活用も可能である。

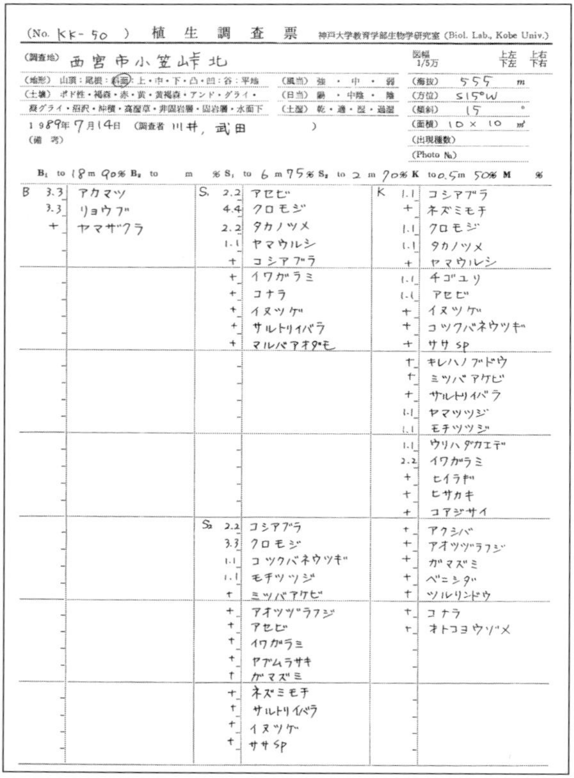

```
(No. KK-50 )  植 生 調 査 票   神戸大学教育学部生物学研究室 (Biol. Lab., Kobe Univ.)

(調査地) 西宮市小笠山北                              図幅 1/5万    上左 上右
(地形) 山頂・尾根・斜面・上・中・下・凸・凹・谷・平地 (風当) 強・中・弱  (海抜) 555 m   下左 下右
(土壌) ポド性・褐森・赤・黄・黄褐森・アンド・グライ・  (日当) 顕・中陰・陰 (方位) ≦15°W
 疑グライ・砂質・埴質・礫質・高腐草・非固岩層・沿沿層・水湿下 (土型) 乾・適・湿・過湿 (傾斜) 15°
1989年7月14日  (調査者 川井，武田      )           (面積) 10 × 10 ㎡
(備考)                                            (出現種数)
                                                 (Photo No.)

B₁ to 18 m 90% B₂ to m ％  S₁ to 6 m 75%  S₂ to 2 m 70%  K to 0.5 m 50% M ％
```

B		S₁		K	
3.3	アカマツ	2.2	アセビ	1.1	コシアブラ
3.3	リョウブ	4.4	クロモジ	+	ネズミモチ
+	ヤマザクラ	2.2	タカノツメ	1.1	クロモジ
		1.1	ヤマウルシ	1.1	タカノツメ
		+	コシアブラ	+	ヤマウルシ
		+	イワガラミ	1.1	チゴユリ
		+	コナラ	1.1	アセビ
		+	イヌツゲ	+	イヌツゲ
		+	サルトリイバラ	+	コツクバネウツギ
		+	マルバアオダモ	+	ササ sp
				+	キレハノブドウ
				+	ミツバアケビ
				+	サルトリイバラ
				1.1	ヤマツツジ
				1.1	モチツツジ
				1.1	ウリハダカエデ
		S₂		2.2	イワガラミ
		2.2	コシアブラ	+	ヒイラギ
		3.3	クロモジ	+	ヒサカキ
		1.1	コツクバネウツギ	+	コアジサイ
		1.1	モチツツジ	+	アクシバ
		+	ミツバアケビ	+	アオツヅラフジ
		+	アオツヅラフジ	+	ガマズミ
		+	アセビ	+	ベニシダ
		+	イワガラミ	+	ツルリンドウ
		+	ヤアムラサキ	+	コナラ
		+	ガマズミ	+	オトコヨウゾメ
		+	ネズミモチ		
		+	サルトリイバラ		
		+	イヌツゲ		
		+	ササ sp		

図 8.2　植物社会学的方法で記録された植生調査資料の例

このような植生調査資料は，環境省生物多様性センターの「第6回・第7回自然環境保全基礎調査 植生調査 情報提供ホームページ」（巻末文献参照）や農業・食品産業技術総合研究機構の「草地植生ファクトデータベース」（巻末文献参照）などで公開されているが，兵庫県立人と自然の博物館（ひとはく）が公開する「ひとはく植生資料データベース」（巻末文献参照）はウェブ上で検索でき，機械判読可能なデータ（CSV ファイル）としてダウンロードできる点で優れている。

〔橋本佳延〕

8.5　クモ類のデータベース

　まず，日本国内におけるクモ類の分布に関する2つのDBを紹介したい。1つめは，県別のクモ種の記録と，その根拠となる文献をまとめた新海ほか（2022）「CD 日本のクモ」である。数年ごとにアップデート版が発売されている。基本的には，県別のクモ種リスト情報が得られるが，一部の種については，種同定に必要なオス触肢，メス生殖器の写真も掲載されており，非常に有益なDBである。2つめは，日本蜘蛛学会のウェブサイト内に設置された「クモ類生息地点情報データベース」である。上で紹介した「CD 日本のクモ」は県単位という粗いデータであるのに対し，「クモ類生息地点情報データベース」はまさに記録された地点がマップ上に表示される仕様になっている。こちらは，日本蜘蛛学会の会員のみがデータ入力可能だが，地点データは非会員にも公開されている。いずれも，種同定を目的にしたものではなく，日本各地のクモ類の生息情報を集約することで，様々な解析などに利用可能なDB構築を目指したものである。

　最後に，クモ学者なら誰だれもが知っているデータベースを紹介したい。5万種を超える全クモ類の分類学的な遍歴がすべてまとめてある World Spider Catalog である。このサイトでは，原記載から再記載のすべてが PDF でダウンロード可能である。最近は，姉妹サイトの World Arachnida Catalog も立ち上がり，サソリ，ダニ，ザトウムシを除くクモガタ類のカタログが閲覧できるようになっている。

〔山﨑健史〕

9

自然史資料収蔵のための施設整備

　本章と続く 10 章では，自然史博物館，または自然史部門をもつ総合博物館の管理と運営についてみていく。博物館活動を長く円滑に行うためには，計画的に資料を収集し，標本資料とそれらを収める収蔵庫まで含めた管理が求められる。本章では収蔵庫という施設に求められる要件と，資料収集と管理の計画の望ましい姿について述べる。

9.1　自然史資料に必要な収蔵庫施設

　これまでの章で様々な自然史標本の種類と保存方法について説明してきたが，ここではそれら自然史標本の保存場所となる**収蔵庫**に必要な要件について述べる。収蔵庫は博物館の登録資料を永続的に保管する場所であり，資料の保存に適した環境を維持し盗難，事故や災害から資料を守る役割がある。そのために耐震施設で原則として入口を 1 か所とし，防火・耐火性，気密性，防犯性能を担保するためエアタイトまたはセミエアタイト扉を設置し，資料の水損を防ぐため防火設備には昨今であれば窒素や二酸化炭素などのガス系消火設備を採用し，太陽光の遮断や盗難防止の観点から窓はつけないことが望ましい。

　資料の材質や保存形態により必要とされる環境は異なるため，資料の種類ごとに収蔵庫をつくってそれぞれの資料に合った収蔵環境を整えることが必要である。博物館の規模にもよるが，一般的には生物の乾燥標本を入れる**生物系収蔵庫**（博物館によって名称は異なり，標本点数の多い大規模館では，昆虫標本庫，植物標本庫，剥製室などに分けることもある），生物の液浸標本を納める

液浸収蔵庫，化石，岩石，鉱物などを保管する**地学系収蔵庫**（博物館によって名称は様々である）の３つに分けることが多い。収蔵庫は資料の保管を主目的とした施設であるから，庫内は資料にとって望ましい環境を維持することが大前提である。自然史博物館の収蔵庫では収蔵庫内で標本閲覧などの調査を行う，あるいは整理作業を行うことが頻発するため，人が長時間作業することに耐えられる環境であることも必要である。

　資料の効率的かつ永続的な保管には資料の種類に応じた棚が必要になり，収蔵庫建築時に棚の配置をあらかじめ決めておけば，適切な天井照明が設置できる。建物の完成後に棚の設置や搬入を行うと天井照明と棚の配置が合わず，通路の一部が暗くなる，棚上の不要な場所を照らす，などの不具合が発生することがある。建物内の各種収蔵庫の配置も，保存や標本整理，資料運搬の作業効率に影響するため建築前によく考える必要がある。資料は，建物入口から収蔵庫内へ移動・収蔵した後も，展示や貸出などのために収蔵庫から展示場へ，あるいは館外部に移動する場合がある。資料の活用は近年特に求められており，資料の収蔵庫内外への搬出入作業は不可避である。さらに生物系資料は，IPMの観点から展示や貸出に使用した資料を収蔵庫へ戻す際に必ず何らかの燻蒸を経る必要があるため，収蔵庫付近に燻蒸室や冷凍燻蒸，二酸化炭素燻蒸を行える部屋ないし設備を設置することが望ましい。脊椎動物化石などの大型で重量のある資料の移動には大掛かりで慎重な作業が必要になる。移動時の資料の損傷や事故を防ぐため，収蔵庫棟の搬入口から収蔵庫への動線や収蔵庫から展示場への動線を考慮し，それぞれ十分な広さと天井高の通路を確保する。さらに階をまたぐ移動のための貨物用エレベーターや，段差のある搬入口には運搬用クレーンの設置が推奨される。

◼ 9.1.1　地学系収蔵庫に求められる要件

　化石，鉱物，岩石などは自然史系資料の中で最も重く，大きいことが多いため，地学系収蔵庫の設置は地上階が望ましい。移動経費や労力を削減するため，建物内の搬入口近くに設置することも推奨される。岩石の加工や化石クリーニング作業を行う標本製作室も収蔵庫近くにあることが望ましい。これらの作業では大量の埃や岩砕が発生し，換気設備の設置が必要になる。作業に際して，

資料の仮置き場所（仮保管庫）があると便利である。やむをえず収蔵庫を2階以上に設置する場合は，建物内の他の施設および部屋の機能との兼ね合いで配置を検討し，床の耐荷重を最大限とり，付近に大型貨物エレベーターを設置する。

　地学系標本は無機物が主で，生物収蔵庫ほどの厳密な温度・湿度管理は必須ではないが，多湿条件下で空気中の水分と反応して変質する鉱物や温湿変化が大きいと割れる岩石，化石があるため，居室用程度の空調設備は必要である。重く大きな標本を安全に保管するため耐荷重量の大きな棚を設置し，特に重い標本は一番下の棚か床上に，軽い標本は上の棚に置くなどの措置をとる。地震時に備えて転落防止バーなどの落下防止措置を施すことも忘れてはならない。資料を種類ごとに保管できない場合があり，資料そのものの付随情報に加えて，収蔵庫内における収納場所も資料データベースに記載しておくことが重要となる。また展示や賃貸借により移動を行った後は必ず元の場所に戻すことが求められる。標本棚で庫内空間を埋めすぎないように配慮することも大切である。天井高を大きめに設計しておけば，2段フロアーを追加設置するなど収蔵空間の調整も可能である。

■ 9.1.2　生物収蔵庫（乾燥標本）に求められる要件

　生物の乾燥標本は基本的に軽いので，地学系収蔵庫のように重量を気にする必要はない。昆虫標本はドイツ式標本箱に入れられ，植物も定型サイズのパケットないしさく葉標本になるため，それぞれ定型の棚に収納することになる。サイズが様々な鳥類や哺乳類の標本は棚高の異なる棚を，仮剥製用には引き出しサイズが様々ある棚を，それぞれ準備して収納する。収納容量を増やすためにコンパクタを導入する際には一定程度以上の床強度が必要になるため，あらかじめ耐荷重を最大限大きくしておくことが必要である。

　生物収蔵庫に求められる機能は，人文系や歴史系の博物館収蔵庫とも共通する，恒温恒湿環境の維持と標本害虫やカビの侵入防止である。エアタイト扉の入口と収蔵庫の間に前室を置き，害虫やカビ，空気質のバッファーゾーンにすること，前室を含めて恒温恒湿環境を維持できる空調設備を導入し，天井，壁，床に調湿材を用いて湿度変化を緩やかにすることは必要である。**内空二重壁**を

採用する，また壁間の熱の貫流や湿気の移動を防ぐため断熱材や不透湿層を設置して内部の気密性・断熱性を高めることも有効な手段である．その場合，二重壁の内部空間と収蔵庫内の空調は別にすることが望ましい．

生物収蔵庫を建築する場合，標本棚や標本閲覧机，書架などの配置は先に決めておき，後から空調の配管や電気・照明の配線を決めるのが望ましい．例えば，空調設備には非常時の点検口の設置が必須になるが，棚配置が決まっていればそれらを避けて点検口を設置できる．また換気口の位置を標本閲覧机や棚間の通路からずらし，天井から吹き降ろす風で標本があおられて痛むことを防ぐことができる．

■ 9.1.3 液浸収蔵庫に求められる要件

液浸標本は液体中に保管されているため，乾燥標本のように害虫やカビに神経質になる必要はなく，恒温恒湿環境を厳密に保つ必要はない．しかし高温は避ける必要があるので，居室用程度の空調設備はあるのが望ましい．高温により保存液の減少が進んで標本が空気中に露出した場合，その部分にカビが生じる場合がある．もし液浸収蔵庫に窓があるなら，紫外線も液浸標本には有害なので，暗幕などで日光を遮ることが必要である．液浸標本を入れる容器サイズは様々あり，容器サイズによってはかなり重くなるため，棚高を変えることができる，耐荷重量の大きいスチール製の棚を用いることが望ましい．木製の棚は防火のため避ける．棚に乗りきらないサイズの標本は床置きにする．また地震で標本瓶が転落することを防ぐため，各棚に転落防止バーを設置する，棚上に滑り止めマットを敷くなどの対策が必要である．主な保存液であるエタノールないしホルマリンはどちらも引火性物質である．液浸収蔵庫内はそれらが密閉度の高い空間に大量に存在していることになるため，収蔵庫内での火気使用は厳禁で，天井照明には火花が散ることを防ぐ防爆装置の設置が求められる．液浸標本にエタノールを使用する場合は濃度70％に調整することが多い．67％以上の度数のエタノールは消防法上の危険物に該当し，80 L 以上の貯蔵や取り扱いには消防署へ少量危険物貯蔵取扱所として許可申請が必要となることに留意されたい．

〔高野温子・加藤茂弘〕

9.2 資料収集の中長期計画

資料収集は博物館の基幹業務の一つである。前章までみてきたように，自然史系博物館が収集する標本資料は，種々の学術研究やレッドリスト策定などの環境影響評価の際にエビデンスデータとして扱われる。自然史博物館のコレクションは，県立なら県内，市町村立なら市町村内の自然を年代や地域の偏りなく反映していることが一つの理想である。しかし実際の博物館コレクションは，採集年代にも調査地域にも偏りがあるのが普通である。自然史博物館資料の多くは寄贈標本から成り立っており，寄贈資料は寄贈者の居住域や志向を色濃く反映するため，どうしても特定の分野や地域に偏るからである。館の資料収集方針に合致したコレクションを受け入れて充実化をはかることも重要であるが，自館の収蔵資料の中身や特徴をよく知った上で資料収集の中長期計画を立てて収集活動を行い，コレクション全体の質を高める努力も必要である。

兵庫県立人と自然の博物館（ひとはく）の例を挙げる。ひとはくの維管束植物標本コレクションの目標は，兵庫県内に産する植物を地域の偏りなく収集すること，県内に分布する植物種全種を収蔵することである。植物標本庫は一定以上の標本点数がなければ役割を果たすことができないため，開館当初の10年間は，館員採集と委託調査により標本点数を増やすことを最優先に活動していた。その結果10年で20万点近い標本を集めて配架し，県内産植物をおよそ網羅して収蔵庫の体裁が整った。今後はコレクションの質向上を優先した採集計画を立てることにした。収蔵植物標本2万点のラベルデータを抽出しどこから採集されたかを調べたところ，県下有数の登山スポットである氷ノ山と六甲山産の標本が突出して多く，一方で日本海沿岸や兵庫県西部，北東部，中央部からの採集は少ないことがわかった（高野ほか 2004）。また当館の一大コレクションである頌栄短期大学植物標本コレクションの採集年代をいくつかの広域分布種で調べたところ，いずれの種も1980〜2000年の標本が突出して多かった（図 9.1）。1980〜2000年の20年間は，標本情報に基づく植物誌を編纂するべく兵庫植物誌研究会が設立され，またひとはくが開館した時期（1992年）でもある。前述の通りひとはく開館から10年はコレクション充実化のための

9.2 資料収集の中長期計画

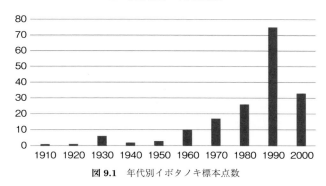

図 9.1 年代別イボタノキ標本点数

調査委託を毎年同会に出していたこともあり，研究会会員が県下で精力的に調査を行っていたことが標本点数から読み取れる。2000 年以降は標本点数が減少傾向にあるが，これは委託調査の打ち切りと研究会員の高齢化の両方が影響していると考えられる。

このような結果を得て以降，博物館員が県下で調査を行う際には，標本点数の少ない地域を意識して調査地を選定し，網羅的に植物を収集するという方法をとっている。その結果，調査に行った先で兵庫県 RDB A ランク種を発見するなど，新たな発見にもつながっている。中期計画としては，兵庫県を 10 地域に分け毎年場所を変えてインベントリ調査を実施して標本を収集し，10 年かけて 10 地域を調査することを目標にしている。県内の未調査地域を減らし，10 年に一度は各地域の現状把握を行うことができればと考えている。また館員 1 人の努力量は限られること，県内の自然愛好団体メンバーの高齢化が著しいことから，植物観察会の実施，分類学講座などの座学や標本製作法の実習セミナーを開催し，県内各地の自然愛好家の発掘と育成にも努めている。

自然史博物館の学芸員は地域のレッドリスト編纂や生物多様性戦略策定などに関わる機会が多いが，それは収蔵資料というエビデンスに裏打ちされた知見をもつという期待と信用によるものである。自然史博物館は役割として，その地域の自然の過去・現在・未来にわたって精通していることを社会から期待されている。自然史博物館の学芸員は，その期待に応え続けることができるよう，継続した計画的な資料収集と人材育成を行っていく必要がある。　〔高野温子〕

9.3 収蔵庫の管理計画

9.1 節でみたように，収蔵庫は単なる倉庫ではなく資料の長期保存に特化した機能を備えた特殊な施設である。適切な維持管理を行い，収蔵庫としての機能を落とさず運用を行うことが重要である。4章トピックス「人と自然の博物館における IPM の実践」でも触れたが，生物系の乾燥標本を収めている収蔵庫は，恒温恒湿環境の確認などの IPM の日常的な実践のほか，収蔵庫の吸気・排気ダクトの出口にあるフィルターのチェック，空調設備およびコンパクタなどの電動設備の定期点検が必要で，特に電動の設備は耐用年数が過ぎれば速やかに更新できるよう適切なタイミングで予算要求を行う必要がある。

博物館資料は年々増えるので，いつか収蔵庫の収容可能容量の限界に達する日がやってくる。資料収集計画とも連動するが，現状の収容量とこれまでの資料増加スピードを把握するとともに，将来的に寄贈されそうな大型コレクションの有無を調査して，いつ頃収蔵庫が満杯になるかを予測し，対策を考えることが必要である。収容量を上げる工夫としては，新しい収蔵庫を建てる，または既存の収蔵庫内の棚増設やコンパクタ導入が挙げられる。予算をかけずにできる努力として，資料整理を迅速に進め不要なものを速やかに捨てる作業も必要である。新収蔵庫建設やコンパクタ増設などの予算要求を行う際には，資料の収集方針とともに資料の廃棄に関する規則を制定し，規則に則った収集および整理作業を行っているという実績も重要になる。ただコンパクタ導入でも収容量の増加は 1.5 倍程度しか見込めないこと，レールを敷設するため二重床構造になること，充分な床強度がないと導入できないため，事前に床の確認が必要であることに留意されたい。コンパクタや棚の導入自体は新築より低コストだが，付随して工事期間中の資料や標本棚の外部仮置きに係る費用，収蔵庫の空調設備などの更新に係る費用が必要なことを考えると，それなりの予算が必要になる。コンパクタ導入で既存収蔵庫の延命をはかるか新収蔵庫建築を要求するかは，収蔵資料の増加予測との相談になる。コンパクタ導入により増える収納スペースで，今後 30 年で増加見込みの資料が収納可能なら，延命案を前向きに検討してよいだろう。逆にコンパクタを導入しても，増加したスペース

で収納可能な資料が今後 10 年分程度にしかならなければ，近くやってくる周年事業に位置づけるなどして新収蔵庫建築を要求していく必要があるだろう。

〔高野温子〕

10

自然史博物館の運営

本章ではいくつかの規模や性格の異なる自然史博物館，また自然史部門を含む総合博物館を例に，予算の使途や運営に関わる人材，職種や組織の違い，博物館や外部団体，個人との連携について述べる。

10.1 館維持運営費と予算の内訳

10.1.1 公立博物館の維持運営費

日本の自然史博物館は約 7 割が公立館であり，主な歳入は公費である。東京都を除く道府県と多くの市町村は国からの地方交付税を受けており，そこには博物館などの社会教育施設の維持を目的とした予算が含まれている。国庫支出金は国庫負担金，国庫補助金，国庫委託金という 3 つの種類があり，そのうち国庫補助金の教育関係の支出の一つとして社会教育施設への支出がある。

また博物館振興に係る地方財政措置として，道府県立博物館については地方交付税の道府県分普通交付税の算定にあたり，「その他の教育費」の中に「社会教育施設費」として「博物館費」を組み込んでいる。市町村立博物館については，特別交付税の算定において一定の財政措置が行われている。2023 年に施行された改正博物館法では，博物館は社会教育法に加えて文化芸術基本法の精神に基づくことが定められ，従来の社会教育施設としての機能に加えて文化観光施設としての役割が期待されることとなり，加えて博物館資料のデジタルアーカイブ化と博物館間のネットワーク形成は努力義務となった。これら博物館に求められる役割の変化と増加に対応して，2022 年度から文化庁の博物館

向けの各種補助金メニューが準備されている。一方で解説の多言語化や企画展示広報などのソフト事業，施設の長寿命化やユニバーサルデザイン対応には特別交付税が充当される。しかしながらその方法は事業費の9割まで起債（＝借金）が認められ，その3〜5割が交付税で補填されるという形である（平成30年 文化審議会第1期博物館部会）。補助金の対象は文化財の保護と活用に重点が置かれることが多いが，施設のユニバーサル化や長寿命化など，自然史系博物館に適用可能なものを探して主管課に積極的な予算編成を働きかける必要がある。

　一方で2020年度の「日本の博物館総合調査報告書」によれば，1997〜2013年の全国の博物館の支出総額は事業費，管理費，人件費すべてが減少し続け，特に事業費の減少が著しい。次項では様々な規模の館の予算執行の例をみていく。

◼ 10.1.2　予算執行の実例

　予算の執行にはその博物館の運営方針が現れる。ここでは都道府県立，市町村立，自然史または総合博物館の自然史部門などいくつか異なる例を挙げる。

□ **兵庫県立人と自然の博物館（ひとはく）：研究型博物館の例として**　　ひとはくは1992年に設立され，2023年現在31名の研究員を擁する。うち19名は兵庫県立大学の教員を兼ねている。運営予算の減少と施設老朽化に伴い，予算の80％は展示改修や施設整備，展示解説員や警備員の雇用などを含む施設運営に必須な維持運営費に充てられている。研究費9％，恐竜化石発掘事業9％，企画展やセミナーなどを実施する事業費が2％である。研究費の割合が多いようにみえるが，恐竜化石関係の資料整理に係る費用は発掘事業費から，それ以外の資料の整理費は各研究部の研究費から捻出されている。研究部によっては研究費の2/3を資料整理アルバイトの雇用，標本整理やIPM実施に係る消耗品の購入に充てている。県から下りる予算のうち資料整理に関係する費目として資料収集費と整理同定費があるが，不足分を研究費で賄っている。最近では資料整理の効率化を研究テーマにし，高精細で高速な標本デジタル画像化の手法や，AIを用いた標本画像からのラベルデータ自動抽出法を開発している（Takano et al. 2019；高野ほか 2020；Takano et al. 2024）。いずれにしても研究員が自らの研究を遂行するためには，科学研究費助成事業（科研費）あるい

はその他の研究助成事業に応募して外部資金を獲得してくる必要がある。

□**栃木県立博物館：総合博物館自然史部門の例として**　栃木県立博物館は栃木県の人文と自然に関する資料の収集保存，調査研究，展示を目的として1982年に開館した総合博物館であり，2023年現在研究員15名（自然系7名，人文系8名）と非常勤の学芸企画推進員8名（自然系5名，人文系3名）を擁している。博物館費のうち，5年ごとに開催される特別企画展の経費と施設整備費は年変動が大きいため，これらを除いたほぼ経常的な経費をみると，その90％近くは光熱費やその他の施設管理費，警備や清掃などの管理委託費，非常勤職員の人件費（標本整理などのアルバイトの一部を含む）などに充てられている。残る約12％の企画事業費のうち，教育普及・展示関係事業費が計9％強であり，調査研究費は資料図書購入費と資料作成費の合計とともに1％強である。調査研究費の大きな割合を占めるのは研究紀要などの印刷製本費であり，その他旅費，外部研究者への謝金などが含まれる。なお，博物館費とは別に県自然環境課の県版レッドリスト改訂事業費の一部が県立博物館に配当替えされ，前述の自然課学芸企画推進員のうち2名の人件費，標本・データ整理のアルバイトの人件費，消耗品費などに充てられている。またサイエンスミュージアムネット（S-Net）へのデータ提供による歳入も，アルバイトの雇用などの重要な財源となっている。

□**伊丹市昆虫館：市町立博物館の例として**　伊丹市昆虫館は1990年に伊丹市の市政50周年を記念して開館した昆虫を主に取り扱う自然史系博物館である。当初の設置および管理者は，伊丹市の外郭団体である財団法人伊丹公園緑化協会だったが，合理化のため2013年3月に解散し伊丹市立の施設となった。以降は，公益財団法人伊丹市文化振興財団（2019年4月より公益財団法人いたみ文化・スポーツ財団に名称変更）が指定管理者として運営を担う。2023年現在におけるスタッフ数は，正規職員6名（学芸員5名，総務職員1名），嘱託職員3名（解説員2名，学芸スタッフ1名），臨時職員16名（飼育，受付ほか）となっている。2022年度決算では収入の3割は利用料金・企画事業収入，残りは受託料収入（＝指定管理料収入）である。一方で同年度の支出をみると，人件費が53％を占め，委託料，消耗品費，光熱水費などの物件費が47％である。研究費という費目は存在しない。

本書の前半でみてきたように，標本製作やデータ入力など自然史資料の整理には膨大な人的・金銭的コストが必要になるが，どの館もそのための予算は充分ではない。そのため各種技術開発による整理作業の効率化や，S-Net 等外部資金の獲得など，各館が様々な努力を行い資料の整理を続けている。

〔高野温子・林　光武〕

10.2　自然史博物館における職種と組織体制

自然史博物館には，その地域の自然史資料を収集して自然環境の姿と生い立ちについて研究し，人と自然との関わりと今後のあり方について市民とともに考えるという地域の自然環境研究センター・情報センターとしての役割がある。自然史博物館は，その地域の自然環境を記録する唯一無二の存在であり，自然史博物館の多様性は日本の自然環境の豊かさの象徴ともいえる。ここでは，全国の自然史博物館に勤務するスタッフと組織体制から，その実際について説明する。

10.2.1　自然史博物館における職種と人的資源

□館長　　館長は博物館法において「館長は，館務を掌理し，所属職員を監督して，博物館の任務の達成に努める」（第 4 条）と定められている。館の責任者として運営管理を行い，代表者として行政や教育委員会などの設置者や関係団体などとの調整や報告を行う。ただし，「日本の博物館総合調査報告書（令和元年度）」によると，館長が常勤である館は 59.5％であり，館長について「職務に関わる権限と責任が明確に定められている」とする館も 54.2％にすぎない。館長には学芸員としての職歴や資格，経験は必要とされておらず，実際に行政職員の出身者が 1/3 以上を占め（37.5％），また退職した大学等の研究者や小中高の教育者が務めることもあり，学芸系職員出身の館長の割合は多くない。市町村立などの小規模館では，館長を置かず行政の管理職が兼務する場合もある。2022 年 4 月施行の改正博物館法においては，館長についても資質の向上のために必要な研修を行うよう務めることが追加された。これは，館長は名誉

職ではなく実務者として博物館を機能させ，よい方向に導くリーダーとしての能力が求められているからであろう。

□**学芸員，学芸系職員**　　　**学芸員**は博物館における専門的職員であり，博物館法において「学芸員は，博物館資料の収集，保管，展示及び調査研究その他これと関連する事業についての専門的事項をつかさどる」と明記されている。自然史博物館の学芸員が扱う分野は動物学，植物学，地学，古生物学，人類学など多岐にわたり，大規模館ではそれぞれの分野に学芸員が配置されるのが一般的だが，学芸員が少ない中小規模館では専門以外の分野も担当する場合がある。自然史博物館学芸員における特徴的な業務としては，野外観察会の企画や，引率，参加者の安全管理がある。もともと学芸員は「雑芸員」と揶揄されるほど様々な業務を求められるが，近年はもはや「雑」とはいえない高いレベルのスキルが求められる傾向にある。また，博物館法においては学芸員の職務を助ける存在として**学芸員補**が定められているが，これは学芸員資格をもたず（もしくは取得中）に学芸業務を行う者の総称であり，兼務や非常勤の場合も含め多くの館で設置されている。

□**事務・管理系職員**　　　支出や収入を管理する経理業務，給与計算などの労務管理業務，施設・設備などの点検や修繕などの業務を行う**事務・管理系職員**は，博物館運用に不可欠な職員である。利用者からはみえにくい存在ではあるが，博物館にとってまさしく縁の下の力持ち的存在である。大規模館では施設専属で事務・管理系職員を雇用することもあるが，中小規模館では行政や博物館を所管する上部組織から派遣されていることも多く，その場合は数年単位で異動することが一般的である。また職員の少ない中小規模館では，学芸系職員が事務・管理系を兼務する場合や，庶務などを会計年度任用職員に任せることもある。

□**今後の博物館に求められる人材とは**　　　現代の博物館においては本来的な博物館機能に加えて，にぎわい創出などの**地域振興**や**文化観光**の促進，**社会的包摂**活動，**福祉**など，求められる社会的役割が著しく多様化，複雑化する傾向にある。反面，博物館の経営環境は極めて厳しく，収蔵庫の不足や施設の老朽化ばかりか，運営の肝となる人的資源にも余裕はない。このような状況の中，社会の要求に自然史博物館が応え市民に必用とされる存在であり続けるためには，行政組織をはじめとする多様な機関や団体との連携と博物館間のネット

ワークを活用した課題解決が必要になるだろう。そのためには，積極的に社会と関わり連携のハブとなれる存在，つまり社会と博物館をつなぐことができるような人材が，強く求められている。

10.2.2 自然史博物館の組織について

自然史系博物館における組織の例として，県立の大規模館である兵庫県立人と自然の博物館（ひとはく）と市立の中規模館である伊丹市昆虫館の組織図を紹介する。人と自然の博物館の運用を支える組織体制は事務系職員と研究員などから構成されている（図10.1）。実線部分が採用時の所属で，点線部分は館内の辞令によって研究員が兼務し，事務系職員とともに事業推進にあたる。組織図にある「タスクフォース」とは，年度ごとの重要課題を解決するための特定業務遂行型の部署を意味する。

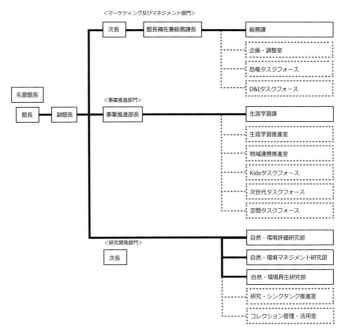

図 10.1 兵庫県立人と自然の博物館（ひとはく）組織図
点線部は館長辞令による館独自職制（兼務）。

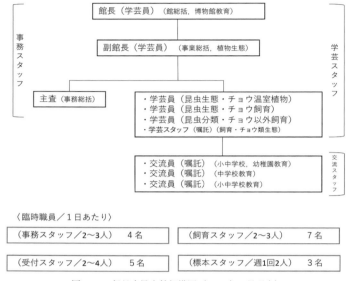

図 10.2 伊丹市昆虫館組織図（2023 年 6 月現在）

　伊丹市昆虫館（図 10.2）は昆虫以外にも広く地域の生物多様性を取り扱う中規模館であり，館長・副館長は学芸・事務・管理系業務を兼務する。生きた昆虫を扱う生態展示や熱帯温室などの動植物園的要素もあり，その維持管理においても人員の配置が必要となっている。　　　　　　　　　　〔奥山清市〕

10.3　自然史博物館間の連携

　自然史系の学芸員は，理学部，農学部，教育学部などの，理系の学部・学科，大学院を修了していることが多いが，日本の大学の理系学部で博物館について学ぶ機会はごく限られている。学芸員資格取得に必要な講義の開講は文系学部だけのことが多く，理系学部で博物館資料論などの講義を受けることができる大学は少ない。結果として自然史系博物館の学芸員は，植物や昆虫など，担当の専門分野については大学で相応のトレーニングを積んでくるものの，博物館の業務内容や資料整理や標本管理などの知識は不十分なまま博物館に就職した

というパターンが多くなる。自然史博物館は元々数が少ない上に，小さな博物館や総合博物館では自然分野の担当が1名という場合も多々あり，日々の博物館業務や資料制作，標本整理などでわからないことを相談する先に困る状況がある。2023年に施行された改正博物館法では博物館ネットワークの強化が謳われたが，自然史博物館ではそのような切実な状況もあって，早くから他の自然史博物館の学芸員と連携して情報交換を行う，あるいは互いのノウハウを共有し，スキルの向上や問題解決を探る，あるいは共同で事業を実施する試みが様々行われてきた。

NPO法人西日本自然史系博物館ネットワーク[1] は2002年に設立された組織で，西日本を中心に国内の主な自然史博物館や総合博物館の自然史部門の学芸員が100名以上参加している。大阪市立自然史博物館が事務局を務め，年に数回，学芸員の関心事に沿った講習会を，そのテーマに詳しい学芸員が講師となる，あるいは外部講師を招く形で実施している。過去には水損資料レスキュー講習会や自然史標本の保全を考えるシンポジウム，最近では巡回展の研究会や自然史標本のデジタル化技術を広める講習会を開催してきた（詳しくは同ネットワークのウェブサイトを参照）。2011年の東日本大震災や2020年7月豪雨球磨川水害の際には，受入主体の一つとなり被災標本のレスキュー作業に携わった（小川 2012；佐久間 2011a, b；鈴木・大石 2011；鈴木 2011；布施ほか2011）。2012年にはコレクターから寄贈申出のあったコレクションの引受先を探す標本救済ネットを設置した。

同ネットワークが主体となった事業も多く展開している。2016〜2019年には2019年に日本で初開催された**ICOM**（国際博物館会議）の機運を盛り上げるため，文部科学省（後に文化庁）の「博物館ネットワークによる未来へのレガシー継承・発信事業」の委託を受けて各地で自然史に関わる展示会を開催した。2020年は熊本県の水害にあった前原勘次郎植物標本コレクションのレスキュー事業を，国際花と緑の博覧会記念協会の助成金を得て実施した。2022年からは文化庁のInnovate MUSEUM事業を受託し，植物標本のスキャニング拠点の整備や標本デジタル化ワークフローの整備，また各種研修会の実施と，

---

1) https://www.naturemuseum.net/（2024. 5. 1確認）

SPNHC（The Society for the Preservation of Natural History Collections）/ **TDWG**（Biodiversity Information Standards, 以前の名称は Taxonomic Databases Working Group）など海外の自然史博物館ネットワークとの交流促進を行っている。

その他にも，植物系学芸員 ML や昆虫系学芸員 ML など，専門分野を絞った緩やかなネットワークがある。前者は，不定期に植物標本やラベル製作などについて日頃の質問や疑問の投稿や議論，あるいは情報提供などが行われている。後者は日本昆虫学会の年次大会で小集会を開催して交流や意見交換を行っている。

国立科学博物館が運営する**サイエンスミュージアムネット（S-Net）**[2] も，自然史博物館や自然史関連の大学研究室などの連携形態の一つである。全国 100 を超える自然史博物館や大学研究機関にある標本情報を収集し，GBIF（地球規模生物多様性情報機構）経由で世界に発信すると同時に，国内での利用促進のため日本語ポータルサイトを立ち上げて，730 万点（2024 年 1 月現在）の標本情報を公開している（神保 2023）。また年に数回 S-Net 研究会を開催し，博物館同士の連携や標本情報の入力，デジタル化の促進をはかっている。

自然史および理工系の科学博物館の相互の連絡協調を密にして博物館事業の振興に寄与することを目的とした全国科学博物館協議会という組織があり，全国 200 の理工系の科学博物館，動物園，水族館，植物園が加盟している。年 6 回のニュースレター発行，年 1 回の研究発表大会，海外科学系博物館視察研修事業や海外博物館先進施設調査事業などを行っている。

その他，博物館だけのネットワークというわけではないが，自然史博物館ともゆかりの深い動物学，植物学，地学など自然史科学の 39 学会が連携して自然史学会連合という組織を立ち上げており，年 1 回講演会やシンポジウムを開催している。

国際的な自然史博物館ネットワークとしては，ICOM 傘下の **NATHIST**（The Committee for Museums and Collections of Natural History, 自然史博物館・コレクション委員会）や，前述した SPNHC や TDWG がある。NATHIST は

---

2) https://science-net.kahaku.go.jp/（2024. 5. 1 確認）

世界中の約400の自然史博物館や個人で構成され，自然史博物館の資料保存や研究をサポートする役割を担っている。毎年年次集会が開催され，自然史博物館の活動に関する報告がなされている。2023年現在，理事会の構成員には国立科学博物館の研究員が1名選ばれている。SPNHCは1985年に設立された，自然史資料の保存や管理，コレクションの発展を目指す国際組織で，年次集会を開催するほか，資料アーカイブ作成や資料保全に関する各種委員会があり活発に活動している。TDWGは非営利の科学・教育団体で，生物多様性情報の交換のためのオープンスタンダードを開発し，生物多様性インフォマティクスを促進するための活動を行っている。年次集会を開催するほか，Biodiversity Information Science and Standards（BISS）という紀要の発表も行っている。ただこういった国際的な博物館ネットワークに日常的に参加している日本の自然史博物館の学芸員は，ごくわずかである。　　　　　　　　　　〔高野温子〕

10.4　博物館友の会，ボランティアなどとの連携

　博物館利用者はその来館頻度で，**ニューカマー**（新規利用者）と**リピーター**（継続利用者）に分けることができる。広報などで認知度を高め，多様な学びと楽しみを期待し新たに博物館に足を踏み入れるニューカマー層の獲得は，活力ある博物館運営を行う上で大切なポイントである。しかし生涯学習・社会教育施設として博物館が効果的に機能するためには，一過性ではなく継続的に博物館に関わるリピーターの存在が大きな意味をもつ。

　リピーターの確保という点で，実績を上げている存在が**友の会**である。日本博物館協会による「日本の博物館総合調査報告書（令和元年度）」によると，友の会をもつ館は博物館全体で22.0％とされ，この割合は過去20年間でほとんど変化していない。館種別で比較すると自然史系博物館における友の会の組織率は，動物園（34.1％），美術館（31.4％），総合（29.5％）に次いで27.7％である。

　友の会の設立目的は，利用者との持続的な関係構築，すなわち博物館の継続的な利活用を促し自主的な学びを支援するという点にある。だが館の種類規模によって「会員種別」「会員数」「会費」「会員特典」「運営主体」「活動内容」

などの要素が大きく異なり，小規模で法人格をもたない任意団体が大多数（94.3%）を占めている。自然史系博物館の友の会では，会員を対象にした専門的な内容の観察会やワークショップ，セミナーなどの開催や，会員が講読・投稿できる会報，会誌の発行などが活動の中心となることも多く，より専門的に学ぶための場でありながら会員どうしが深く交流する場ともなっている。

友の会の名称は，一般的に博物館名＋友の会という形式が多く，所属すること自体が会員による特定の館への愛着と帰属意識をもたらす効果がある。友の会とは，会員と博物館とのつながりが具現化した存在であり，より専門的に深く博物館と関わるためのコミュニティの入口であると考えることができる。

博物館における市民協働の代表的な事例である**ボランティア**制度も，市民と博物館との持続的な結びつきのかたちである。「日本の博物館総合調査報告書（令和元年度）」によると，31.7%の博物館においてボランティア制度が導入されており，その割合は増加傾向にある。ボランティアの内容として最も多いのは「入館者に対する展示案内・解説」であり，次いで「イベントの運営・補助」「友の会の業務」などが挙げられる。このような博物館の活動支援ボランティアは，研修なども比較的容易で博物館側にとって導入しやすく，市民側にとってもイメージがわかりやすいため参加するためのハードルも比較的低い。以前，博物館ボランティアに初挑戦した方に感想を聞いたところ「博物館の風景が変わって見えるようになった」という言葉をいただいた。それは，その方にとって博物館という存在が学びを享受する場所から，参加し発信する場所へ変化したことを示している。また，より専門的な養成講座などを受講した上で，調査・研究の分野において学芸員を補佐するだけでなく共同で研究を行う「市民学芸員・研究員」といった制度を導入している館もあり，博物館における慢性的な人材不足，予算不足という問題の解決につながることを期待されている。このようなボランティア活動に参加することで得られた達成感や充実感は，博物館に関わる市民の生きがいとなり，博物館との強い結びつきにつながっている。

このように，友の会やボランティア活動などを通して博物館と深く関わる人を増やしていくことは，博物館の味方となる理解者を増やすということでもある。その存在は，博物館を持続的に支えてくれる大きな力となる。　〔奥山清市〕

文　　献

Bebber, D. P. et al.（2010）Herbaria are a major frontier for species discovery. *PNAS*, **107**（51）：22169-22171.

Bentley, A. C.（2004）Thermal transfer printers: applications in wet collections. *SPNHC Newsletter*, **18**（2）：1-2, 17-18.

Besnard, G. et al.（2016）Valuing museum specimens: high-throughput DNA sequencing on historical collections of New Guinea crowned pigeons（*Goura*）. *Biol J Linn Soc*, **117**：71-82.

Bolotov, I. N. et al.（2018）Climate warming as a possible trigger of keystone mussel population decline in oligotrophic rivers at the continental scale. *Sci Rep*, **8**：35.

文化庁文化財部美術学芸課（2015）文化財（美術工芸品）保存施設，保存活用施設設置・管理ハンドブック．

　https://www.bunka.go.jp/seisaku/bunkazai/hokoku/pdf/setchi_kanri_handbook.pdf（2024.5. 1確認）

Carranza-Rojas, J. et al.（2017）Going deeper in the automated identification of herbarium specimens. *BMC Evol Biol*, **17**：181.

Carranza-Rojas, J. et al.（2018）Automated identification of herbarium specimens at different taxonomic levels. "Multimedia Tools and Applications for Environmental & Biodiversity Informatics"（Joly, A. et al. eds.）, pp. 151-167, Springer.

Caze, B. et al.（2011）Contribution of residual colour patterns to the species characterization of Caenozoic molluscs（Gastropoda, Bivalvia）. *Comptes Rendus Palevol*, **10**：171-179.

千地万造（1998）『自然史博物館―人と自然の共生を目指して―』，八坂書房．

DiEuliis, D. et al.（2016）Specimen collections should have a much bigger role in infectious disease research and response. *PNAS*, **113**：4-7.

海老原　淳（2016-2017）『日本産シダ植物標準図鑑 I, II』，学研プラス．

布施静香ほか（2011）東日本大震災により被災した植物標本のレスキュー―兵庫県立人と自然の博物館が果たした役割―．人と自然，**22**：53-60.

蜂谷喜一郎（2000）1-7-2写真撮影．『化石の研究法―採集から最新の解析法まで―』（化石研究会（編）），pp. 27-29，共立出版．

博物館法令研究会（編著）（2023）『改正博物館法諸説・Q & A ―地域に開かれたミュージアムをめざして―』，水曜社．

浜田弘明（2014）『博物館の理論と教育』（シリーズ現代博物館学 1），朝倉書店．

Hart, R. et al.（2014）Herbarium specimens show contrasting phenological response to Himalayan climate. *PNAS*, **111**：10615-10619.

橋本光男（1978）創立100年を迎えた国立科学博物館．地質ニュース，**282**：12-13.

橋本佳延（2016）『古写真から紐解く六甲山地東お多福山草原の移り変わり』，東お多福山草

原保全・再生研究会.

速水　格・小畠郁生（1966）大型化石研究のテクニック（2）．自然科学と博物館，**33**（9-10）：151-163.

兵庫県版レッドリスト．
https://www.kankyo.pref.hyogo.lg.jp/jp/environment/leg_240/leg_289（2023. 7. 22 確認）

兵庫県県立人と自然の博物館（編）（2016-）ひとはく植生資料データベース．
https://www.hitohaku.jp/musepub_col/VegetationTop.aspx（2024. 5. 1 確認）

兵庫県立人と自然の博物館（監修）（2007）『ひょうごの川・自然環境アトラス―河川生態系を考える手がかりとして―』，兵庫県県土整備部土木局河川計画課．

ひょうごの川・自然環境アトラス（web 版）．
https://web.pref.hyogo.lg.jp/ks12/kankyochosa.html（2023. 7. 30 確認）

兵庫陸水生物研究会（編）（2008）『兵庫県の淡水魚』，兵庫県立人と自然の博物館自然環境モノグラフ4号，兵庫県立人と自然の博物館．

池田安隆（1987）断層露頭の剝ぎとり転写法．活断層研究，**4**：66-69.

井上　勤（1997）『顕微鏡のすべて』，地人書館．

磯野直秀（1999）日本博物誌雑話（5）．タクサ，**7**：6-9.

Itano, W.（2005）Photographing fossils. WIPS Founder Symposium 2005.
http://www.itano.net/fossils/projects/wips2005a.pdf（2024. 7. 24 確認）

伊藤泰弘ほか（2018）日本古生物標本横断データベースによる博物館情報の収録と公開．全科協ニュース，**48**（1）：5-7.

IUCN（2001）IUCN Red List Categories and Criteria: Version 3.1. IUCN Species Survival Commission.

THE IUCN RED LIST OF THREATENED SPECIES.
https://www.iucnredlist.org/（2023. 7. 22 確認）

神保宇嗣（2023）イントロダクション：S-Net を取り巻く状況の変化．第 41 回 S-Net 研究会.
https://science-net.kahaku.go.jp/contents/resource/SNet41_20230610_Jinbo.pdf（2024. 5. 1 確認）

環境省．レッドデータブック・レッドリスト．
https://www.env.go.jp/nature/kisho/hozen/redlist/index.html（2023. 7. 22 確認）

環境省（2020）環境省レッドリストカテゴリーと判定基準．
https://www.env.go.jp/content/900515314.pdf（2023. 7. 22 確認）

環境省（2023）生物多様性国家戦略 2023-2030 ―ネイチャーポジティブ実現に向けたロードマップ―.
https://www.env.go.jp/content/000124381.pdf（2023. 7. 30 確認）

環境省生物多様性センター．第 6 回・第 7 回自然環境保全基礎調査　植生調査資料　情報提供ホームページ．
http://gis.biodic.go.jp/webgis/sc-006.html（2023. 6. 16 確認）

関西広域連合．関西の活かしたい自然エリア．
https://www.kouiki-kansai.jp/koikirengo/jisijimu/kankyohozen/shizenkyouseigatasyakai/seibututayousei/7661.html（2023. 7. 30 確認）

関西広域連合．関西の活かしたい自然エリアにおけるエコツアー．
https://www.kouiki-kansai.jp/koikirengo/jisijimu/kankyohozen/shizenkyouseigatasyakai/seibututayousei/7662.html（2023. 7. 30 確認）

文　　献

関西広域連合（2016）関西広域連合広域計画（改訂版）.
　https://www.kouiki-kansai.jp/material/files/group/3/1500861753.pdf（2023. 7. 30 確認）
関西広域連合（2018）ツアー企画者のための地域の魅力を活かすエコツアー設計の手引き.
　https://www.kouiki-kansai.jp/material/files/group/10/ecotour-tebiki.pdf（2023. 7. 30 確認）
加藤茂弘（1996）淡路島北部に現れた地震断層の緊急調査（II）―野島断層の剥ぎとり転写―.
　『兵庫県南部地震における人と自然の博物館の活動』, 平成 7 年度総合共同研究「兵庫県南
　部地震と六甲山系」報告書, pp. 23-30.
加藤茂弘・小林文夫（1997）博物館におけるコアの保管と活用の重要性.『阪神・淡路大震
　災と六甲変動―兵庫県南部地震域の活構造調査報告―』(兵庫県立人と自然の博物館（編）),
　pp. 90-96.
川端裕人（2015）研究室に行ってみた. 国立科学博物館 哺乳類分類学 川田伸一郎：第 5 回
　「無目的, 無制限, 無計画」の大切さ. ナショナルジオグラフィック日本版サイト.
　https://natgeo.nikkeibp.co.jp/atcl/web/15/072100014/080600005/?P=2&ST=m_m_
　column（2024. 5. 1 確認）
川田伸一郎ほか（2021）世界哺乳類標準和名リスト 2021 年度版.
　https://www.mammalogy.jp/list/index.html
川上裕司・杉山真紀子（2009）『博物館・美術館の生物学―カビ・害虫対策のための IPM の
　実践―』, 雄山閣.
河村功一・細谷和海（1991）改良二重染色法による魚類透明骨格標本の作製. 養殖研究所研
　究報告, **20**：11-18.
Kerp, H. and Bomfleur, B.（2011）Photography of plant fossils: new techniques, old tricks.
　Rev Palaeobot Palynol, **166**：117-151.
Kitaba, I. et al.（2013）Midlatitude cooling caused by geomagnetic field minimum during
　polarity reversal. *PNAS*, **110**：1215-1220.
Kitaba, I. et al.（2017）Geological support for the umbrella effect as a link between
　geomagnetic field and climate. *Sci Rep*, **7**：40682.
Krueger, K. K.（1974）The use of ultraviolet light in the study of fossil shells. *Curator*, **17**
　(1)：36-49.
黒川勝巳（2005）『テフラ学入門―野外観察から地球環境史の復元まで―』（地学双書 36）, p.
　205, 地学団体研究会.
Le Bras, G. et al.（2017）The French Muséum national d'histoire naturelle vascular plant
　herbarium collection dataset. *Sci Data*, **4**：170016.
Lochar, R. et al,（2011）"Museums of the World（18th ed.）", De Gruyter Saur.
間嶋隆一・池谷仙之（1996）『古生物学入門』, 朝倉書店.
増田孝一郎ほか（1980）§3 化石の写真撮影法.『大型化石研究マニュアル』小高民夫（編）),
　pp. 70-78, 朝倉書店.
松林　圭・藤山直之（2016）生態的種分化―適応の視点から多様化のメカニズムを探る―.
　日本生態学会誌, **66**：561-580.
松浦啓一（編著）（2003）『標本学―自然史標本の収集と管理―』（国立科学博物館叢書 3）,
　東海大学出版会.
松浦啓一（編著）（2014）『標本学 第 2 版―自然史標本の収集と管理―』（国立科学博物館叢
　書 3）, 東海大学出版会.
宮崎佑介・福井　歩（2018）『はじめての魚類学』, オーム社.

文　　　献

水島未記・堀　繁久（2016）生態系を「その他大勢」にどう伝えるか——北海道博物館における新たな自然史展示の試み——．日本科学教育学会年会論文集，**40**：31-34．

本村浩之（2009）『魚類標本の作製と管理マニュアル』，鹿児島大学総合研究博物館．

本村浩之（2024）日本産魚類全種目録——これまでに記録された日本産魚類全種の現在の標準和名と学名——，Online ver. 27.

　　https://www.museum.kagoshima-u.ac.jp/staff/motomura/jaf.html（2024. 9. 10 確認）

Nakahama, N.（2021）Museum specimens: an overlooked and valuable material for conservation genetics. *Ecol Res*, **36**(1)：13-23.

Nakahama, N. et al.（2019）Methods for retaining well-preserved DNA with dried specimens of insects. *Eur J Entomol*, **116**：486-491.

中谷至伸ほか（2012）昆虫データベース統合インベントリーシステム．インベントリー，**10**：20-24．

Nelson, G. et al.（2015）Digitization workflows for flat sheets and packets of plants, algae, and fungi. *Appl Plant Sci*, **3**(9)：1500065.

Nicolaï, M. P. J. et al.（2020）Exposure to UV radiance predicts repeated evolutions of concealed black skin in birds. *Nat Commun*, **11**：2414.

日本鳥学会（編）（2012）『日本鳥類目録改訂第 7 版』，日本鳥学会．

日本爬虫両棲類学会（2023）日本産爬虫両生類標準和名リスト（2023 年 6 月 29 日版）．

　　http://herpetology.jp/wamei/（2024. 5. 1 確認）

日本博物館協会（2012）博物館の原則——博物館関係者の行動規範——．

　　https://www.j-muse.or.jp/02program/pdf/2012.7koudoukihan.pdf（2024. 5. 1 確認）

日本博物館協会（2020）令和元年度 日本の博物館総合調査報告書．

　　https://www.j-muse.or.jp/02program/pdf/R2sougoutyousa.pdf（2024. 5. 1 確認）

日本昆虫目録編集委員会（編）（2013-2020）『日本昆虫目録（Catalogue of the Insects of Japan）』，日本昆虫学会・櫂歌書房．

日本蜘蛛学会（2023）クモ類生息地点情報データベース．

　　http://www.arachnology.jp/DDBSJ.php（2024. 5. 1 確認）

日本自然科学写真協会（2017）『超拡大で虫と植物と鉱物を撮る——超拡大撮影の魅力と深度合成のテクニック——』，文一総合出版．

野田雅之（1997）図鑑用大型化石撮影のテクニック（1）白黒写真編．大分地質学会誌，**3**：55-76．

野島　博（2011）『顕微鏡の使い方ノート（改訂第 3 版）——はじめての観察からイメージングの応用まで——』（無敵のバイオテクニカルシリーズ），羊土社．

野尻湖火山灰グループ（2018）『火山灰分析の手びき（第 3 版）——双眼実体顕微鏡による火山灰の砂粒分析法——』（地学ハンドブックシリーズ 25），p. 56，地学団体研究会．

農業・食品産業技術総合研究機構．草地植生ファクトデータベース．

　　https://www.naro.go.jp/laboratory/nilgs/vegetation/index.html（2023. 6. 16 確認）

Novacek, M. J. and Goldberg, S. L.（2013）Museums and institutions, role of. "Encyclopedia of Biodiversity（2nd ed.）," Elsevier.

小川　誠（2012）東日本大震災により被災した植物標本の修復．徳島県立博物館研究報告，**22**：161-168．

小川　誠（2016）ブラックライトで観察する方法 ブラックライトの種類．徳島県立博物館．

　　https://museum.bunmori.tokushima.jp/ogawa/blacklight/howto.php（2023. 7. 28 確認）

文　　　献　　　　　　　171

大橋広好ほか（編）（2015-2017）『改訂新版 日本の野生植物 1-5』，平凡社.

岡崎美彦（1978）化石標本写真の図版作製（その 1 立体写真とホワイトニング）．瑞浪市化石博物館研究報告，**5**：175-182.

岡崎美彦（1979）化石標本写真の図版作製（その 2 小型化石）．瑞浪市化石博物館研究報告，**6**：141-144.

大阪市立自然史博物館（2007）『標本の作り方―自然を記録に残そう―』（大阪市立自然史博物館叢書 2），東海大学出版会.

大澤剛士ほか（2021）GBIF 日本ノード JBIF の歩みとこれから：日本における生物多様性情報の進むべき方向．保全生態学研究，**26**：345-359.

大島康宏（編著）（2024）三重県総合博物館開館 10 周年記念・第 37 回企画展「標本―あつめる・のこす・しらべる・つたえる―」三重県総合博物館.

Parham, J. F. et al.（2004）Evolutionary distinctiveness of the extinct Yunnan box turtle (*Cuora yunnanensis*) revealed by DNA from an old museum specimen. *Proc R Soc Lond B (suppl)*, **271**：S391-394.

Parsley, R. et al.（2018）A practical and historical perspective of the how and why of whitening fossil specimens and casts as a precurser to their photography. *Fossil Imprint*, **74**(3-4)：237-244.

Resh, V. H. and Carde, R. T.（2009）"Encyclopedia of Insects（2nd ed.），" p. 3231, Elsevier.

Ruane, S. and Austin, C. C.（2017）Phylogenomics using formalin-fixed and 100+ year-old intractable natural history specimens. *Mol Ecol Res*, **17**：1003-1008.

Rudin, S. et al.（2017）Retrospective analysis of heavy metal contamination in Rhode Island based on old and new herbarium specimens. *Appl Plant Sci*, **5**(1)：1600108.

佐久間大輔（2011）陸前高田市博物館の標本レスキュー．*Nature Study*, **57**(7)：5-6.

佐久間大輔（2011）自然史標本のレスキュー 自然史系博物館の取り組みから．ミュゼ，**97**：12-14.

佐藤隼夫・伊藤猛夫（1961）『無脊椎動物 採集・飼育・実験法』，北隆館.

関　秀夫（2005）『博物館の誕生』，岩波文庫.

椎名仙卓（2022）『日本博物館成立史 普及版―博覧会から博物館へ―』，雄山閣.

新海　明ほか（2022）CD 日本のクモ ver. 2022.
　http://www.asahi-net.or.jp/~dp7a-tnkw/cd/cd.htm（2024. 5. 1 確認）

Shiozaki, T. et al.（2021）A DNA metabarcoding approach for recovering plankton communities from archived samples fixed in formalin. *PLOS ONE*, **16**(2)：e0245936.

Shirai, M. et al.（2022）Development of a system for the automated identification of herbarium specimens with high accuracy. *Sci Rep*, **12**：8066.

園田直子（2010）温度処理法による文化財の殺虫処理について．文化財の虫菌害，**59**：3-11.

Strang, T. J. K.（1992）A review of published temperatures for the control of pest insects in Museums. *Collection Forum*, **8**(2)：41-67.

Strang, T. J. K.（1995）The effect of thermal methods of pest control on museum collections. Biodeterioration of cultural property 3: Proceedings of the 3rd International Conference on Biodeterioration of Cultural Property, 4-7 July, 1995, 334-353.

鈴木まほろ（2011）陸前高田市博物館所蔵押し葉標本のレスキュー．全科協ニュース，**41**(5)：1-3.

鈴木まほろ・大石雅之（2011）津波被災標本を救う―つながる博物館をめざして―．遺伝，**65**(6)：2-6.

鈴木紀毅（2013）3.2 電子顕微鏡．『新版 微化石研究マニュアル』（尾田太良・佐藤時幸（編）），pp. 51-55，朝倉書店．

スヴァンテ・ペーボ（著），野中香方子（訳）（2015）『ネアンデルタール人は私たちと交配した』，文芸春秋社．

Svensmark, H. and Friis-Christensen, E. (1997) Variation of cosmic ray flux and global cloud coverage: a missing link in solar-climate relationships. *J Atmos Sol-Terr Phys*, **59**(11)：1225-1232.

高野温子ほか（2004）兵庫県における植物標本の収集状況．*Bunrui*, **4**：63-67.

Takano, A. et al. (2019) Simple but long-lasting: a specimen imaging method applicable for small- and medium-sized herbaria. *Phytokeys*, **118**：1-14.

高野温子ほか（2020）植物標本デジタル画像化と OCR によるラベルデータ自動読みとり手法の開発．植物地理・分類研究，**68**(2)：103-119.

Takano A. et al. (2024) A novel automated label data extraction and data base generation system from herbarium specimen images using OCR and NER. *Sci Rep*, **14**：112.

谷村好洋・辻　彰洋（編著）（2012）『微化石―顕微鏡で見るプランクトン化石の世界―』（国立科学博物館叢書 13），東海大学出版会．

Tegelberg, R. et al. (2012) The development of a digitizing service centre for natural history collections. *Zookeys*, **209**：75-86.

Trematerra, P. and Pinniger, D. (2018) Museum pests: cultural heritage pests. "Recent Advances in Stored Product Protection," chapter 11, pp. 229-260, Springer.

Unger, J. et al. (2016) Computer vision applied to herbarium specimens of German trees: testing the future utility of the millions of herbarium specimen images for automated identification. *BMC Evol Biol*, **16**：248.

Welicky, R. L. et al. (2021) Parasites of the past: 90 years of change in parasitism for English sole. *Front Ecol Environ*, **19**(8)：470-477.

Wheeler, Q. D. et al. (2012) Mapping the biosphere: exploring species to understand the origin, organization and sustainability of biodiversity. *Syst Biodivers*, **10**：1-20.

Woodward, F. I. (1987) Stomatal numbers are sensitive to increase in CO_2 from pre-industrial levels. *Nature*, **327**：617-618.

World Spider Catalog (2024) World Spider Catalog. Version 25.0. Natural History Museum Bern, online at http://wsc.nmbe.ch, accessed on 1 July, 2024. doi: 10.24436/2

矢原徹一・鷲谷いづみ（2023）『保全生態学入門 改訂版―遺伝子からランドスケープまで―』，文一総合出版．

Zattara, E. E. and Aizen, M. A. (2021) Worldwide occurrence records suggest a global decline in bee species richness. *One Earth*, **4**：114-123.

終 わ り に

　本書では，自然史博物館に収蔵される標本や資料の製作，保存，管理，展示や研究への標本資料の活用法，デジタル化と各種有用なデータベースについて紹介してきた。また自然史博物館の管理運営についても概観した。自然史分野に関わる学芸員は，組織の規模や館種の違いはあれども，限りある資源を振り分けて収蔵資料の整理保存やよりよい管理を目指し，種々のネットワークを構築し連携することで自館のコレクションの質向上と自らの能力向上を図っている。それは 100 年後，200 年後の将来の世代に，自館のコレクションを手渡すための努力といえる。

　資料の収集・管理や保存は博物館の基幹業務であり，多大な労力を必要とする作業であるにもかかわらず，最も外部からその成果のみえにくい業務である。自然史系の標本資料は恐竜化石や美麗昆虫等，一部を除いて商業価値がないため，なぜ（そんなものを）後生大事に集め続けるのか。という疑問を投げかけられることも多い。本書がその問いに対する答えを提供できていることを切に願う。

高 野 温 子

索　引

欧　文

APG（Angiosperm Phylogeny Group）体系　52

DNA　14, 35, 52, 89, 91

DSLC（digital single-lens camera）　113, 116, 130

DSLR（digital single-lens reflex camera）　113, 125, 129

FRP（fiber-reinforced plastics）　74, 78

GBIF（Global Biodiversity Information Facility）　94, 137

ICOM（International Council of Museums）　3, 163, 164

IPM（integrated pest management）　66, 149

JBIF（Japan Initiative for Biodiversity Information）　138

LED　66, 119, 131

MILC（mirrorless interchangeable-lens camera）　113, 125, 129

NATHIST（The Committee for Museums and Collections of Natural History）　164

S-Net（Science Museum Net）　138, 164

SPNHC（The Society for the Preservation of Natural History Collections）　164

TDWG（Taxonomic Databases Working Group: Biodiversity Information Standards）　164

あ　行

アノテーションカード　52

移管　23, 44
一次資料　1
イメージセンサー　130
引火性物質　151

羽毛標本　21, 58

液浸収蔵庫　68, 149
液浸標本　13, 14, 17, 20, 22, 40, 43, 67, 74, 81
エコツーリズム　100, 109
エタノール　11, 14, 35, 68
X線CT装置　124

大型化石　114
大型標本　63
親標本　7, 50, 51

か　行

化学的な処理法　25
学芸員　160
学芸員補　160
学芸系職員　160
化石　24, 113, 140
画像処理ソフト　121
仮剥製　21, 42, 58, 73
館員採集　44, 152
観察情報　99, 137, 145

緩衝材　27, 64
含浸標本　20
岩石チップ　7
岩石薄片　7, 27
岩石標本　7, 27
乾燥標本　12
館長　159
管理系職員　160

気候変動　97
稀少標本　51
寄生虫　96
寄贈　28, 44
寄贈標本　152
寄託　45

クリーニング　24
燻蒸　58, 149

毛皮標本　21, 42, 58, 73, 80
原資料　7, 50

恒温恒湿環境　66, 150
光学文字認識　61
交換　45
鉱石標本　8
購入　45
鉱物標本　8, 27
交連骨格標本　17, 78
小型標本　64
古環境　95
国際深海掘削計画　48
国際博物館会議　163
古生物　113
古生物標本　139
骨格標本　17, 21, 43, 58, 80
固定　14, 36
コピースタンド　131
子標本　8, 50
コミュニケーションツール　106

固有表現抽出　62
コレクション　22
昆虫標本　129

さ 行

サイエンスミュージアムネット　164
材鑑標本　11
在・不在データ　146
さく葉標本　10, 76, 82

ジオラマ　73
紫外線　151
ジーナスカバー　51
事務系職員　160
社会的包摂　160
収集方針　23
収蔵環境　148
収蔵空間　150
収蔵庫　63, 148
収蔵スペース　66
樹脂含浸標本　14, 18, 74
種子標本　11
樹脂封入標本　13, 74, 76, 82
樹脂包埋標本　13, 18
種組成　145
証拠標本　141
焦点合成　122, 133
植生　145
植生調査資料　145
植物化石　6, 48
除籍規定　23
資料番号　49, 64
新エングラー体系　52
真空凍結乾燥標本　20
シンクタンク活動　99
新種　94
人獣共通感染症　96
深度合成　133

索　　　引　　　　　　177

水質汚染　97
ステレオペア画像　122
スベンスマルク効果　95
ズームレンズ　131
3DCT スキャン　135
3D データ　123
3D フォトグラメトリ　135
3D プリンター　79
3D モデル　135

生痕化石　7
生物間相互作用　86
生物系収蔵庫　148
生物多様性情報　98, 105
脊椎動物化石　6, 48
切断面　27
設置目的　23
絶滅リスク評価　104
繊維強化プラスチック　78

測地精度　102

た　行

耐荷重量　150
台紙貼り標本　12, 35
褪色　72
タイプ標本　55, 64
断層露頭　29

地域振興　160
地学系収蔵庫　149
地球規模生物多様性情報機構　137
地図化　102
鳥獣保護管理法　42

テザー撮影　133
デジタルアーカイブ　111
デジタルアーカイブ化　129
デジタル一眼　113, 130

デジタル一眼レフ　113, 129
デジタル画像化　98
デジタルカメラ　129
テフラ　8
展鰭　40
展翅　33
展足　33

ドイツ型標本箱　54, 74, 82
凍結乾燥標本　73, 76
同定　28
透明骨格標本　19, 41
登録資料　148
登録データベース　50
トスロン　37
友の会　165
トリミング　27

な　行

内空二重壁　150
なめし皮標本　22

二次資料　1, 8, 50, 65
西日本自然史系博物館ネットワーク　163
ニューカマー　165

ぬいぐるみ　81
布製模型　81

は　行

ハイレゾショット　134
剝ぎ取り標本　9, 29, 65
剝製　58
剝製標本　16, 20, 39
薄片標本　29
パケット標本　10
ハーバリウム　51
針刺し標本　12, 31

ハンズオン　79, 82

日傘効果　96
微化石　7, 48, 114
被写界深度　130
標本 DNA　45
標本害虫　66, 150
標本作製体験　84
標本製作室　149
標本番号　49
広口 T 型瓶　37

フェノロジー　90, 92
フォーカススタッキング　133
福祉　160
物理的クリーニング　24
ブラックニング　118
フラットスキン　21
プレパラート標本　13, 16
プロピレングリコール　46
文化観光　160
分離骨格標本　17

防爆装置　151
母岩　24
ボランティア　166
ボーリングコア　8, 65
ホルマリン　14, 68
ホルマリン固定　14, 36
ホルムアルデヒド　36
ホワイトニング　118
本剝製　21, 22, 42, 58, 73

ま　行

マクロレンズ　120, 130

麻酔　35
マヨネーズ瓶　37

未整理標本　54
未登録標本　49
未標本資料　54
ミュゼオミクス　45
ミラーレス一眼　113, 129

無脊椎動物化石　5, 48
「無目的，無制限，無計画」という収集方
　　針　22

模型　20
モノグラフ　94

や　行

横刺し標本　32

ら　行

ラベル　14, 68
卵殻標本　21

リピーター　165

レッドデータブック　103
レッドリスト　103
レファレンス用資料　51
レプリカ　20, 72, 74, 77, 78, 81, 83

ロット方式　57

編集者略歴

<ruby>高<rt>たか</rt></ruby><ruby>野<rt>の</rt></ruby><ruby>温<rt>あつ</rt></ruby><ruby>子<rt>こ</rt></ruby>

高野温子

大阪市立大学大学院理学研究科博士後期課程修了
現在　兵庫県立大学自然・環境科学研究所教授
　　　兵庫県立人と自然の博物館主任研究員・研究部長
　　　博士（理学）

三橋弘宗

京都大学大学院理学研究科博士前期課程修了
現在　兵庫県立大学自然・環境科学研究所講師
　　　兵庫県立人と自然の博物館主任研究員
　　　修士（理学）

自然史博物館の資料と保存　　　定価はカバーに表示

2024 年 11 月 1 日　初版第 1 刷

編集者　高　野　温　子
　　　　三　橋　弘　宗
発行者　朝　倉　誠　造
発行所　株式会社　朝　倉　書　店

東京都新宿区新小川町 6-29
郵 便 番 号　　162-8707
電　話　03（3260）0141
ＦＡＸ　03（3260）0180
https://www.asakura.co.jp

〈検印省略〉

Ⓒ 2024 〈無断複写・転載を禁ず〉　　　新日本印刷・渡辺製本

ISBN 978-4-254-10306-9　C 3040　　　Printed in Japan

JCOPY ＜出版者著作権管理機構　委託出版物＞

本書の無断複写は著作権法上での例外を除き禁じられています．複写される場合は，
そのつど事前に，出版者著作権管理機構（電話 03-5244-5088，FAX 03-5244-5089，
e-mail: info@jcopy.or.jp）の許諾を得てください．

文化財と標本の劣化図鑑

岩﨑 奈緒子・佐藤 崇・中川 千種・横山 操 (編) ／京都大学総合博物館 (協力)

B5 判／136 頁　978-4-254-10301-4　C3040　　定価 3,850 円（本体 3,500 円＋税）

80 あまりの劣化した文化財や標本，資料などを写真とともに紹介し，劣化の原因や処置の仕方などの具体的な「処方箋」を提示。博物館や美術館，資料館，図書館など文化財を所有する施設で，絵画や標本，ムラージュなどといった文化財や資料をどう工夫して守るかを解説した，学芸員や文化財所有者にとって必携の指南書。

土の中の生き物たちのはなし

島野 智之・長谷川 元洋・萩原 康夫 (編)

A5 判／180 頁　978-4-254-17179-2　C3045　　定価 3,300 円（本体 3,000 円＋税）

ミミズやヤスデ，ダニなど，実は生態系を下支えし，人間の役にも立っている多彩な土壌動物たちを紹介。〔内容〕土壌動物とは／土壌動物ときのこ／土の中の化学戦争／学校教育への応用 他

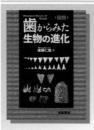

図説 歯からみた生物の進化

後藤 仁敏 (著)

B5 判／244 頁　978-4-254-17190-7　C3045　　定価 6,380 円（本体 5,800 円＋税）

進化の研究において重要な試料である歯を切り口に，生物の進化の歴史をオールカラーでビジュアルに解説。〔内容〕1. 歯の起源／ 2. サメ類の歯／ 3. サカナの歯／ 4. 両生類から爬虫類へ／ 5. 爬虫類から哺乳類へ／ 6. 食虫類の歯から霊長類の歯へ／ 7. 人類の歯の進化と退化／ 8. 人類の歯の未来

教養のための植物学図鑑

久保山 京子 (著) ／福田 健二 (監修)

B5 判／212 頁　978-4-254-17191-4　C3645　　定価 4,400 円（本体 4,000 円＋税）

美麗な写真に学術的に確かな解説を付した植物図鑑。生活の場面ごとに分類した身の回りの植物を，生態・特徴・人との関わりの観点から解説する。〔内容〕植物の分類体系／植物の生態と生活形／葉と茎／草と木／花と果実／道路沿いの植物／公園や庭の植物／森の植物／空き地・荒れ地の植物／池や川辺の植物

発光生物のはなし
―ホタル，きのこ，深海魚……世界は光る生き物でイッパイだ―

大場 裕一 (編)

A5 判／192 頁　978-4-254-17192-1　C3045　　定価 3,300 円（本体 3,000 円＋税）

世界のさまざまな発光生物をとりあげ，「生きものが光る」現象の不思議さやおもしろさを解説。身近な発光生物の見つけかたや採取法，スマホでの撮影方法なども紹介する。〔内容〕光る化学／光る役割／光るきのこ／発光ミミズ／ホタル（日本・海外編）／発光クラゲ／ホタルイカ／ウミホタル／光るサメ／光るヒトデ・ナマコ　他

上記価格は 2024 年 10 月現在